U0186716

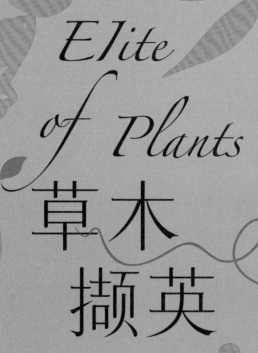

Elite
of Plants

草木
撷英

王鑫·著 / 谭超·绘

江苏凤凰科学技术出版社 · 南京

图书在版编目（CIP）数据

草木撷英 / 王鑫著 . — 南京：江苏凤凰科学技术
出版社 , 2023.3
ISBN 978–7–5713–3377–5

Ⅰ.①草… Ⅱ.①王… Ⅲ.①植物学 – 普及读物
Ⅳ.① Q94–49

中国版本图书馆 CIP 数据核字 (2022) 第 258713 号

草木撷英

著　　　者	王　鑫	
绘　　　者	谭　超	
责 任 编 辑	王　艳　蔡晨露　吴　杨	
助 理 编 辑	陈修花	
责 任 校 对	仲　敏	
责 任 监 制	刘　钧	

出 版 发 行	江苏凤凰科学技术出版社
出版社地址	南京市湖南路 1 号 A 楼，邮编：210009
出版社网址	http://www.pspress.cn
编 读 信 箱	skkjzx@163.com
照　　　排	江苏凤凰制版有限公司
印　　　刷	盐城志坤印刷有限公司

开　　　本	889 mm × 1 194 mm　1/24
印　　　张	7.5
插　　　页	2
字　　　数	160 000
版　　　次	2023 年 3 月第 1 版
印　　　次	2023 年 3 月第 1 次印刷

标 准 书 号	ISBN 978–7–5713–3377–5
定　　　价	88.00 元

序 言

前一段时间王鑫给我打电话，请我为他的新书写一个序。他告诉我说这是一本有关植物的科普图书。我的确听他讲过在写这本书，于是欣然接受。

从 1983 年在武汉大学读研究生开始算，至今我在国内植物学研究的圈子里行走快40 年了。因此，同行中结识几十年的人不少。相比较而言，和王鑫的结识算是时间短的。2014 年在内蒙古参加由植物学会结构和生殖生物学专业委员会组织的会议上，我们有机会相识。从聊天中我知道他本科毕业于我工作的北京大学，硕士毕业于我读博士的中科院植物所，于是自然多了几分亲切感。关键是，我当时正在思考花究竟是器官还是枝条的问题，以及这个问题和我之前思考过的植株究竟是"个体"还是"植物发育单位"聚合体的问题之间的关系。对这两个问题的思考过程，让我发现自己关于古植物方面的知识颇为欠缺，而王鑫恰好是古植物方面的专家。真是踏破铁鞋无觅处，得来全不费工夫。于是，我们就互留了联系方式。

结识和成为朋友还是两回事。我和王鑫成为朋友，其中的缘分在我看来主要是两点：一是我们在有关植物发育方面有很多共同的兴趣和看法；二是我喜欢他的性格——他表面上大大咧咧，其实很细心和热心。

我们在植物发育方面的共同兴趣和看法，主要是有关被子植物器官的起源。我对花的属性问题的思考虽然与我博士后研究的课题有关，但更多的是在逻辑合理性层面上的。而有关被子植物器官的起源却是他的研究专业。我后来才知道，他在 2010 年就出版了专著，提出了有关被子植物器官起源的观点。他认为，雌蕊并非如主流观点所认为的，由长在心皮内部的胚珠被心皮卷曲包被而来，而是如顶枝学说所认为的，由长在枝末端的孢子囊分化为胚珠后，又被周围的叶状结构包被而成。他的这个观点，与我对雄蕊起源的看法异曲同工：我基于雄蕊的研究认为，雄蕊不是如叶片那样的器官，而是如顶枝学说所认为的，由长在枝末端的孢子囊聚合而成的孢子囊群。显然，我们俩一个从雌蕊方面、一个从雄蕊方面都挑战了目前主流观点中对花的结构及其起源的解读，而且殊途同归地认同雄蕊和雌蕊从源头上都是长在枝末端的孢子囊的衍生物，也算是不谋而合。在此基础上，我们又进一步探讨了异型孢子囊可能的形成机制，并联名发表了一篇讨论异型孢子囊起源机制的文章。

得知他在写一本植物方面的科普图书时，我还很好奇。因为在我印象中，他既不好为人师，更不贪图虚名。后来他向我解释，说是他所里的老先生鼓励他做一点科普工作。盛情难却之下，他才做了这个事情。

读了《草木撷英》这本书，行文流畅，文字风格很有特点，有很好的阅读感受。希望《草木撷英》这本书能够引发年轻读者的阅读兴趣，更希望将来在这些年轻读者中，能够产生新一代的植物研究者！

白书农

北京大学生命科学学院荣休教授

2022 年 9 月于北京云雾斋

前 言

有些人可能会认为，没有植物的存在，人类也会安然无恙。其实这是一个错误的想法，植物是人类赖以生存的环境的一部分。正常情况下，我们往往觉察不到植物存在的重要性，只有在失去它并且已经严重影响我们的生存时，我们才会意识到它的重要性。

以早餐为例，无论是油条、豆浆，还是牛奶、鸡蛋、咖啡、面包，如果没有植物的话，想一想餐桌上还剩下什么？首先，油条、豆浆、咖啡、面包不见了。你也许会说，还有牛奶和鸡蛋呢。别急，牛奶和鸡蛋分别来自牛和鸡，牛和鸡不是肉食动物，它们以植物为饲料，所以如果植物消失了，牛奶和鸡蛋也就不会有了。早餐是这样，午餐和晚餐也差不多。可见，人类的生存离不开植物。

植物（至少说陆地植物）在这个地球上已经存在了三四亿年，植物的历史比人类的历史更为久远。是植物为我们人类的出现和生存准备好了条件。毫不夸张地说，在可以预见的未来，我们是离不开植物的，植物对于我们的未来和发展具有重要意义。既然我们离不开植物，那就让我们了解一下这些生命伴侣吧。

本书主要介绍植物世界的珍闻奇观和有关植物的基本知识，希望以此激发广大读者探索植物世界的兴趣。

王 鑫

中科院南京地质古生物研究所

2020 年 5 月

目 录

contents

上

篇

神奇的植物

神奇的植物之最

1·最早的陆地植物

提到植物，人们常常联想到的是高大的树木或者色泽艳丽的花朵，这也是大多数人对于植物的印象。但大多数人往往没有意识到的是，这些我们今天看似普通的植物其实都是漫长演化的结果。从本质上讲，只要能够进行光合作用、完成生命周期或者谱系延续的，就可以被称为植物。按照这个标准，我们会发现周围还有很多不起眼的植物，例如生长在潮湿环境中的青苔等。这些植物很矮小、很不起眼，但是它们真实地存在于这个世界上。

植物世界不是一成不变的，而是经历了漫长的演化过程。4 亿多年前，植物刚刚在陆地上出现的时候，是非常简单、矮小的。已有化石记录中能够证明的最早的陆地植物叫作库克逊蕨（*Cooksonia*）（图 1-1），出现于距今约 4.1 亿年前的志留纪晚期，属于裸蕨类。之所以叫裸蕨，是因为这些植物没有真正的根和叶，只有茎干和生殖器官（孢子囊），因此人们形象地称之为"裸蕨"。这类植物的分枝方式和现代植物不同，属于简单的等二歧分枝，即一个枝分出两个大小和形状都一模一样的分枝，从来不厚此薄彼。到了下一次分枝的时候，两个分枝所在的平面和上一次两个分枝所在的平面扭转 90 度。经过多次这样的分枝，植物大大小小的枝变得密密麻麻，几乎布满了其占据的空间。这种分枝方式的平均主义不仅表现在营养器官的形态上，还表现在生殖器官的形态中：每一个枝都参与生殖活动，其顶端都长有孢子囊而且不分雌雄。和现代植物的花和叶分明、雌雄器官分明相比，裸蕨类植物还生活在原始社会，没有那么多分工和分化，植物的各个部分都参与光合作用和生殖过程。那么，人们不禁要问：这类植物没有叶子，它们靠什么进行光合作用呢？靠的是密密麻麻的分枝。这些枝并不是很粗大，里面也没有太多的机械支撑组织，大部分是能够进行光合作用的绿色薄壁组织。就是这些组织完成了植物的光合作用，所以这类植物可以"裸着"。有人可能觉得这种说法有点天方夜谭、难以置信，那么有没有现代植物具有类似的生活形态呢？有，裸子植物的麻黄属（*Ephedra*）即是如此：麻黄基本上没有叶，光合作用是靠茎来完成的。

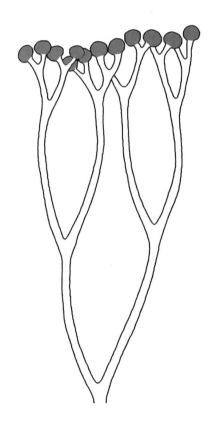

图 1-1

库克逊蕨 | *Cooksonia*

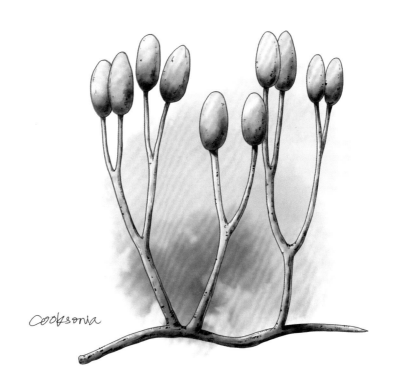

Cooksonia

库克逊蕨 *Cooksonia*

出现于4.1亿年前的志留纪晚期,属于裸蕨类。

2·最小的种子

说到种子，大部分人都不陌生。种子是植物重要的繁殖器官，有了种子，植物才能够生长出幼苗来。在植物学中，所有以种子繁殖后代的植物都被叫作种子植物。植物的种子有大有小。麦粒、黄豆都是种子，芝麻也是。很明显，芝麻小得多。就是因为芝麻很小，才有我们常说的"七品芝麻官"一说。光说大小还不够，长得是否匀称也非常重要。我们经常听说的克拉是质量单位，其实克拉是一种植物，它的种子长得非常匀称，且种子间的质量差别很小。在过去还没有精密测量仪器的情况下，人们就用这些种子作砝码来精确称量贵重的东西，例如钻石。

那么哪种植物的种子最小呢？答案是一种叫作斑叶兰（*Goodyera schlechtendaliana*）的兰科植物。这种植物的种子到底有多小呢？1万粒种子的质量只有 0.005 克（Liu et al., 2006）。如图 1-2 所示，左图手掌上的白色物质，就是一粒粒兰科植物——哥伦比亚兰花的种子，但这还不是最小的兰花植物种子。很多人不禁会想："这么小的种子有什么用呢？"这些种子和我们常见的种子有很大不同，例如玉米、小麦、大豆、水稻、芝麻。我们常见的种子是用来吃的，如果没营养，人们就不会选择；而兰科植物的种子并不是用来吃的，所以不常见。兰科植物的种子之所以不大，和其生活习性密切相关。兰科植物通常寄生在相对潮湿的植物表面，与真菌共生。所以兰科植物的种子没有胚乳，非常细小，只有 50 微米长（1 微米是 1 毫米的千分之一）。这些细小的种子散发的时候，裸眼几乎是看不见的。也正是因为种子的个头小，兰科植物的果实才能够产生多达数百万的能够飘散到很远距离的种子。所以尽管兰科植物给予每粒种子的营养馈赠有限，但是兰科植物却是个英雄母亲，它生产了大量的儿女，以保证整个谱系和家族能够在自然界中长期存在。你是不是有点佩服兰科植物的雄才大略了呢？确实，兰科植物是成功的大家族：它们拥有 736 属，28 000 种，是被子植物中种类最多的科之一。

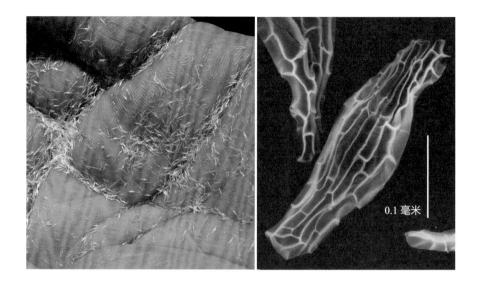

图 1-2

兰科植物的种子

左图是非常细小的哥伦比亚兰花种子；右图是电子
显微镜下看到的二叶根茎兰种子。

注意：这里显示的并不是最小的兰花种子。

［孟千万　供图］

3 · 最大的种子

　　说完了最小的种子，那么与之相对的世界上最大的种子是什么呢？这种植物的生活状况又如何呢？据目前所掌握的数据，世界上最大的种子是来自一种分布于非洲和美洲的叫作巨榼藤（*Entada gigas*，又名海豆或者海心）的藤本豆科植物（图 1–3）。该植物的种子巨大，可以生长至宽 19 厘米、长 21 厘米、厚 20 厘米，呈心形，内部是一个空腔，具有一定的抗盐性，从而能够保证种子随洋流长距离漂移长达两年时间。这么大的种子是长在世界上最大的豆荚里的（其长达 2 米）。有意思的是，豆科也是分异度极高的科，具有将近 1.8 万个种，是被子植物中最大的科之一。所以当看见小小的豆粒时，在心里想一想：这颗豆粒虽小，但是它的兄弟可大着呢！

 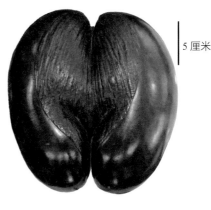

5 厘米

图 1–3
————
最大的种子

左图是豆科植物榼藤的豆荚；右图是海心的巨大种子。
［左图由朱鑫鑫供图］

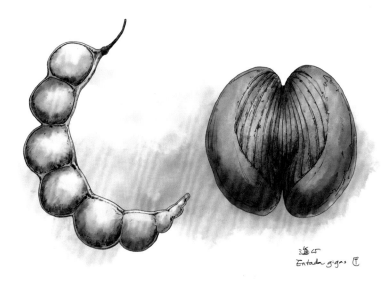

渔山
Entada gigas 厂

榼藤的荚及海心（*Entada gigas*）的种子。

4·最大的花

被子植物中最大的花叫作大王花（*Rafflesia arnoldii*），意思是"荷叶般硕大的花"。它的直径可达 1 米，具有 5 个巨大的带有白色斑点的花瓣，花雄性或者雌性，呈杯状，中央有一个盘，盘上具有突出物，花药位于盘侧下方（图 1-4）。这种植物由于是完全寄生在其他植物根上的寄生腐生植物，而且气味极其恶臭，因此也被叫作"死尸花"。这种"好吃懒做"的习性造就了大王花独特的样貌，它没有根、茎、叶等器官，自己也不进行光合作用，而是依赖寄主提供的营养来生活。大王花的开花过程长达一年，但是花期也就几天，所以难得一见。其臭味能够吸引喜欢腐肉的飞虫（绿蝇、麻蝇等）来进行传粉，花粉附着在虫子背上，虫子把花粉带到雌花上完成授粉过程。由于花太大、罕见，且分布稀疏，传粉的成功率并不高。别看花大，大王花的果实其实很小。其种子成千上万，主要由树鼩来传播。大王花有两个变种，仅存在于印度尼西亚的婆罗洲和苏门答腊岛。大王花被列入《世界自然保护联盟》2013 年濒危物种红色名录。

图 1-4

大王花 ┃ *Rafflesia arnoldii*

大王花 *Rafflesia arnoldii*

直径可达1米，有5个巨大的带有白色斑点的花瓣，花雄性或者雌性，呈杯状，中央有一个盘，盘上有突出物，花药位于盘侧下方。

被子植物也叫有花植物。这两个称呼基本上揭示了被子植物最主要的特征，即被子和花朵。相对于其他植物而言，被子植物的特征就是"被子"，即其种子是被包裹起来的（现在更加严格的定义是"胚珠在授粉之前被包裹起来"）。有"被子"特征的生殖器官在植物学中叫作"花"，有花的植物就叫"有花植物"。

尽管被子植物形态各异，有乔木、灌木和草本，但是典型的被子植物都有根、茎、叶、花、果等器官。

根是植物与外界（主要是土壤）进行物质交换的营养器官，通常位于地面以下，主要功能是吸收土壤里的水分及无机盐，同时具有固定植株、繁殖、合成和贮存有机物质的作用。常见的类型有主根、须根两种，但是在南方比较潮湿地区生活的植物还常有气生根（这个不在地下）。

茎是和根相连的定义植物形态的主要器官，植物所有的其他器官都是直接或者间接地连接在茎上的。很多草本植物没有明显的茎，与之相对，乔木具有明显的茎。一般来说，我们平常见到的大树的主干就是这里所说的"茎"。乔木的茎一般有一层分生组织叫作形成层，它的功能是向内产生木质部（就是平常说的木头）、向外产生韧皮部。植物茎干增粗就是通过形成层的生长来实现的。同时茎的顶端还有一个分生组织——顶端分生组织，负责增加植物的高度。

叶是植物侧生的、成片状的器官。叶的主要功能是进行光合作用。光合作用中，植物吸收利用的是蓝紫光，而不怎么吸收绿色光，所以大部分植物的叶子呈绿色；植物利用太阳的光能将二氧化碳和水制造成碳水化合物并释放氧气。光合作用释放的氧气是我们人类和动物离不开的。正是三十几亿年前开始的光合作用逐渐改变了地球原始大气的组成，也才有了我们现在呼吸的空气。

花是被子植物的有性繁殖器官（植物还有其他不需要有性过程的繁殖方式，例如扦插）。一般的被子植物会开很多花。这些花可以单独混在营养器官中，也可以集中在一起形成花序。典型的被子植物的花包括花萼、花瓣、雄蕊、雌蕊等四轮器官。这四轮器官一般是按照从外围到中央的顺序排列的。花萼是花最外围的叶状结构，一般呈绿色，看起来更像普通的叶子，或者说它是介于普通叶子和花瓣之间的过渡形态。花瓣是位于花萼和雄蕊

之间的叶状结构，一般来说它比花萼更加鲜艳（风媒花除外，其花瓣要么不显眼，要么干脆没有），有的上面还附带有蜜腺。花萼和花瓣起到的作用包括机械保护、吸引访花动物来传粉等。花萼和花瓣在形态和颜色上无法相互区分的时候，就被统称为花被。雄蕊是花中所有花粉器官的总称，由一个或多个部分组成，其中每一个部分通常包括下面细长的花丝和其顶端的花药。花药通常有四个花粉囊，花粉囊成熟时通过不同的方式开裂，把花粉散播出去，通过空气或者动物传递到雌蕊的柱头上完成受粉过程。雌蕊一般位于花的中央，由一个或几个基本单位组成。每一个基本单位在植物学上叫作"心皮"，心皮内部有一枚或者多枚种子的前体（植物学上称为胚珠），胚珠在受粉后就开始向着成为日渐成熟的种子方向发育。

具有四轮器官的花，植物学上叫作完全花。缺失某一轮器官的花，如缺少雄蕊或雌蕊，植物学上叫作不完全花，也叫单性花。

果实是花的雌蕊在受粉过程完成以后继续发育的结果，与此同时，胚珠也发育成了种子。

文学作品，尤其是诗词中的 "花"和植物学上的 "花"

是同字不同义的。诗词中的"花"指的是花瓣和雄蕊。所以，成语"落花流水"中的"花"和植物学上所讲的"花"是两回事。这个词义的演变是随着历史、文化而发生变化的。

被子植物是当今世界上种类最多（三四十万种）的植物类群，也是在现代生态系统中占据绝对优势的类群。被子植物为人类的起源与生存提供了基本的生态条件，人类的衣、食、住、行在很大程度上都是依赖被子植物的。

5 · 最小且繁殖最快的被子植物

微萍（*Wolffia arrhiza*），也叫芜萍，是世界上最小的被子植物，同时也是世界上花最小、果实最小的植物（图 1–5）。另外，微萍也可能是世界上繁殖最快的被子植物，最快 30 小时生物量就可增加一倍。微萍虽小，却绝非等闲之辈，它的身影遍布全球。

微萍属于单子叶植物纲天南星科浮萍亚科微萍属。微萍无根无叶，甚至无输导组织，整个植株就是一个扁平的茎。微萍通常漂浮在水面或悬浮于水中，其叶状体呈卵状半球形，扁平，直径仅 0.5~1.5 毫米，上面有很多气孔，表皮细胞呈五至六边形。

微萍开花是难得一见的现象。在春夏之交，微萍叶状体上方凹陷的洞开出比自身还小、极度简化、既无花萼又无花瓣的花，包括 1 枚雌蕊和 1~2 枚雄蕊，受精过程完成之后会形成圆球形表面光滑的小果子。有一种微萍叫无根萍，整个植株为一个直径仅 1 毫米的圆盘状叶状体。如果不用显微镜，连它的全貌都看不清。更有甚者，斑点微萍的植株体长仅有 0.5 ~ 0.7 毫米。

微萍在生物质能源、污水处理、饲料和生物反应器等多个方面具有重要的应用价值。

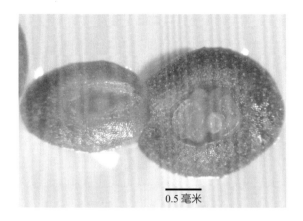

0.5 毫米

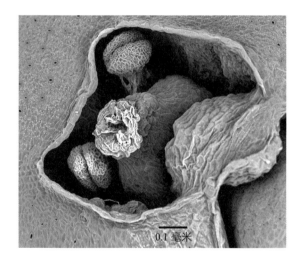

0.1 毫米

图 1-5

微萍 | *Wolffia arrhiza*

上图是微萍，下图是微萍的花（包括 1 枚雌蕊和 2 枚雄蕊）。
[李峰 供图]

wolffia

微萍 Wolffia arrhiza

属于单子叶植物纲天南星科浮萍亚科微萍属，无根无叶，甚至无输导组织，整个植株就是一个扁平的茎。其叶状体呈卵状半球形，扁平，直径仅 0.5~1.5 毫米，上面有很多气孔，表皮细胞呈五至六边形。

6·最早的花

现在大部分的植物学家认为被子植物是单系的，即所有的被子植物都是从同一个祖先演化而来的。所以，了解最早的花对人们正确地解读被子植物各个特征的演化极性和过程具有极其重要的指导意义。不足为奇，最早的花一直是古植物学家长期追寻的目标，而且关于最早的花的研究在某种程度上也成了古植物学家热衷且乐此不疲的竞争项目。

大家在媒体宣传报道中看到最多的"第一朵花"可能是辽宁古果（*Archaefructus liaoningensis*）（图 1-6）。这项研究成果曾经两次刊登于国际著名期刊《科学》（*Science*）的封面上，因此在全球引起了轰动。经过多年的研究，科学家认为辽宁古果的时代是大约 1.25 亿年前的早白垩世。后来发现的更加完整的化石标本表明，辽宁古果没有典型的花中常见的花瓣和花萼，它并没有现代意义上的花，其生殖器官着生于枝的顶端，很可能露出水面。学者推测辽宁古果很可能生活在水边，其叶分裂成很多细小的裂片。最顶端的是被植物学家称为心皮的雌性生殖器官，可能轮生于枝的顶端，紧挨着雌蕊的是雄蕊。每一枚心皮通过一个短柄连接在枝上，其中包含着几粒种子。最初的研究认为，这些种子着生于果实的腹侧（和现代植物学家所认为的原始被子植物——木兰类的果实类似）。但是后来的研究表明，辽宁古果中的胚珠／种子实际上着生于果实的背侧。辽宁古果的重要性在于其是被大家广泛接受的，且是当时发现的最早的被子植物。但辽宁古果的花是如何演化到现代意义上的花，至今仍是个谜。

那么，辽宁古果真的是世界上最早的花吗？答案是否定的。最近十几年的研究表明，被子植物的历史其实可以追溯到将近 2 亿年前的早侏罗世。重要的化石证据包括来自德国早侏罗世早期的小穗施氏果（*Schmeissneria microstachys*）(Wang et al., 2007a; Wang, 2010) 和来自中国南京早侏罗世晚期的南京花（*Nanjinganthus*

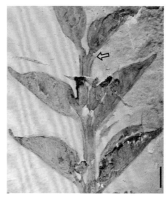

图 1-6

辽宁古果｜*Archaefructus liaoningensis*

早白垩世的花，注意其轮生的心皮以及着生于背侧的胚珠 / 种子。
（引自 Wang and Zheng, 2012）

dendrostyla）(Fu et al., 2018)。

图 1-7 显示的是产自南京郊区的早侏罗世的南京花化石。你也许会惊讶：一块石头上怎么会有这么多的花朵？但这是事实，不容置疑。研究表明，这是一种叫作南京花的被子植物，出现于 1.74 亿年前的侏罗纪。截至目前，科学家对整个植物长什么样还不是十分清楚，但可以确定的是它具有分枝的花柱、包裹于封闭的子房内的胚珠、下位的子房、两种类型的花被片（对应于花瓣和花萼）。这种化石在那个时代的出现是完全出乎大部分植物学家的意料的。

大量化石的发现充分证明，南京花在当时南京的某些地区是非常繁盛的。前人没有发现，可能是因为这种植物只在有限的地区或者生境里生存。

图 1-7

早侏罗世的南京花｜*Nanjinganthus*

（引自 Fu et al., 2018）

Archaefructus

辽宁古果 Archaefructus liaoningensis

7·最早的被子植物——施氏果

南京花的出现，表明早在侏罗纪时代就已经有了花朵。那么这是最早的被子植物记录吗（现代被子植物中的生殖器官都叫作"花"）？实际上，在大约1.99亿年前的早侏罗世早期，德国的南方就有了现在世界上最早的被子植物化石——施氏果（*Schmeissneria*）〔图1-8〕。

施氏果在欧洲的研究历史长达上百年。在这上百年的历史中，很多古植物学家先后研究过相关的化石，研究结论五花八门，甚至连这个植物是雌是雄都莫衷一是，更别提确切的分类位置。其中最有影响的是1890年德国古植物学家欣克（Schenk）基于野外观察，发现施氏果经常和一种银杏类的叶化石（*Baiera*）出现在同一地层的现象。因此，他认为施氏果是银杏类尚未发育的雄性生殖器官。

1992年，波兰的古植物学家维思路-卢然尼克（Wcislo-Luraniec）基于自己的观察首次质疑"施氏果是个雄性器官"这个结论。紧接着，1993年施迈斯纳（Schmeißer）和高普特曼（Hauptmann）发现施氏果实际上是和另外一种类似舌叶（而不是*Baiera*）的叶化石连生的。1994年克世纳（Kirchner）和冯康宁伯克-冯思特（Van Konijnenburg - Van Cittert）根据连生的叶、枝、生殖器官等信息建立了一个新属——施氏果。至此，化石证据已经清楚地表明，施氏果不是欣克当年所想象的那样，应该既不是银杏类，也不是什么雄性生殖器官。

后来通过对中国和德国的施氏果的研究 (Wang et al., 2007a; Wang, 2010) 得出结论：施氏果的果实中有一个隔壁，把子房分成两个腔，其中有多粒种子被包裹在果实中，其生殖器官受粉时会由纤毛收集花粉，应当是无疑的被子植物。施氏果化石目前被认为是世界上最早的被子植物化石。

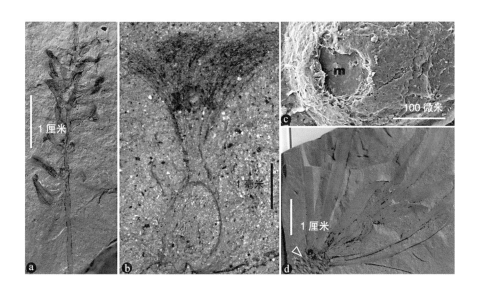

图 1-8

早侏罗世的施氏果 | *Schmeissneria*

(a) 花序，(b) 带毛的花，(c) 果实里的种子的珠孔 (图中所示 m 处)，(d) 短枝上簇生的叶。
（引自 Wang, 2018 ）

8·最大的银杏叶

银杏（*Ginkgo*）是现在只在中国自然生存的植物，只有一个种，是典型的孑遗植物。但是在一两亿年前的中生代，银杏类可是极其繁盛的植物类群，至少有 4 科 32 属 228 种。我们现在看到的银杏叶片是扇形的〈图 1-9 左〉，这种特有的叶形在现代植物中是绝无仅有的。从植物的历史来看，这种扇形的叶片不是生来就如此，而是植物长期演化的结果。在中生代，银杏的叶片并不是扇形的，而是分裂成多个瓣，在后来的演化过程中，这些分裂的瓣慢慢相互愈合才形成了今天我们看到的扇形叶片。

其实严格来说，现代的银杏叶片并不全是扇形的，有些分裂成多个较窄的叶片〈图 1-9 右〉。类似的情形出现在银杏早期发育阶段，现代植物学中把这种现象叫作返祖现象，即祖先类型的形态出现在其后裔的身上。

中生代的银杏多样性非常高，也就是说曾经有多种多样的银杏植物。银杏植物过去的辉煌不仅表现在多样性上，也表现在叶片的个头上。

现存德国慕尼黑自然历史博物馆的一块银杏标本〈图 1-9 中〉，银杏叶片巨大，长约 34 厘米，宽约 16 厘米。可以想见，长这片叶子的银杏树也不会太小，且当时的生活环境良好。对比一下它与其现代的后裔，大约可以估摸出现代银杏和其祖先不同的境遇了。

1 厘米

图 1-9

银杏叶片 | *Ginkgo*

左图为典型的扇形银杏叶片；中图为硕大无朋的银杏叶片；
右图为返祖多裂的银杏叶片。

银杏叶片　Ginkgo

9·曾认为最原始的被子植物——木兰

现代植物学家基本都相信，和别的生物（动物和微生物）一样，植物也是在不断演化的。演化意味着植物在地质历史时期和现代不一样，现在看到的植物都是由原来的植物演化而来的。现在的被子植物（也叫有花植物）是由一个共同的祖先演化而来的。那么这个共同的祖先是谁，长什么样？这也是很多植物学家关心的问题。

木兰类是被子植物中最原始、最接近被子植物共同祖先的类型，其他所有的类群都是由此经过长期演化而来的。

木兰类的代表是玉兰（*Magnolia*）。图 1-10 展示的是玉兰的花，它在北方比较常见。春天的时候，玉兰这种高大的乔木，还没长出叶子就开得满树都是白色的、紫色的花。这种植物的花有以下几个被认为是最原始的特征：一是花的数量多；二是花呈螺旋排列；三是心皮（雌蕊的基本单位）中胚珠（种子的前身）着生在腹侧（靠近花中心的一侧）；四是花大；五是雄蕊的花药具有四个药室；六是胚珠具有两层珠被；七是花粉为单沟型。

上述共识自 1907 年到 20 世纪 90 年代一直是主流的观点，但是到 1998 年，仇寅龙等植物学家根据 APG 系统①研究提出，无油樟（*Amborella trichopoda*）应该是最原始的被子植物。

---

① APG 系统，一种基于 DNA 序列相似度的植物分类系统。

图 1-10

玉兰 | *Magnolia*

上图为玉兰的花；下左图为雄蕊脱落在
花轴上留下的疤痕和顶部螺旋排列的心
皮；下右图为悬挂在花轴（不是心皮）
上的种子。

玉兰 *Magnolia*

花的数量多；花呈螺旋排列；心皮（雌蕊的基本单位）中胚珠（种子的前身）着生在腹侧（靠近花中心的一侧）；花大；雄蕊的花药具有四个药室；胚珠具有两层珠被；花粉为单沟型。

10·现在APG以为最原始的被子植物
——无油樟

  无油樟（*Amborella trichopoda*）是分布在太平洋中的岛屿——新喀里多尼亚（New Caledonia）的孑遗植物〈图1-11〉。按照 APG 系统，无油樟是现存被子植物中最原始、最基部的被子植物，因此备受当代植物学家的关注。无油樟是灌木或小乔木，叶两列互生，叶缘有波卷，无托叶。雌雄异株，呈聚伞花序，花小，功能上单性。花辐射对称，花被片 5~8 枚，雄蕊多数而无明显的花丝，心皮 5 枚，离生，无花柱。

  无油樟成为植物学界的明星植物还是近 20 年的事情。1869 年，无油樟首次为人所知，当时是作为樟目蒙立米科（Monimiaceae）的一个属来描述，后来改为无油樟目下的单型科无油樟科（Amborellaceae）。无油樟有几个特殊的特征，即它没有大部分被子植物都有的导管，它的胚囊是独一无二的 9 核 8 细胞类型。1998 年，无油樟开始被更多的人认识，原因是仇寅龙等在《自然》（*Nature*）杂志发表了有关无油樟的研究成果：基于对 DNA 序列的对比和分析的结果，无油樟是现生被子植物中最基干的类群。跟随无油樟出名的还有其他四类植物，这五个类群共同组成了有名的 ANITA (Amobrellales, Nymphaeales, Illiciaceae, Trimeniaceae, Austrobaileyaceae)，即无油樟目、睡莲目、八角科、腺齿木科和木兰藤目。现在大部分的植物学家认为，ANITA 组成了现代被子植物中最原始的一支。此后全世界的植物学家都对无油樟产生了兴趣，但是由于该植物受到严格的保护，目前大多数植物学家都拿不到无油樟样本进行研究，这无形中使得无油樟在植物学家眼中变得更加神秘莫测了。

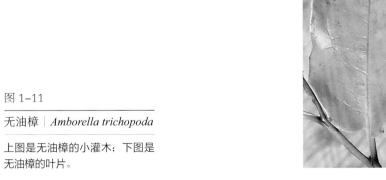

图 1-11

无油樟 | *Amborella trichopoda*

上图是无油樟的小灌木；下图是
无油樟的叶片。

无油樟　Amborella trichopoda

植物学既是科学的一支，也是人类从事的活动之一。作为人类活动，其过程难免会掺杂人的意志或者臆想。植物学作为比较特殊、专门的科学实践活动，是一个小众的活动。尤其是在古代，植物学知识的传授通常是依赖师徒关系来进行的。毫不奇怪，这种比较私密的活动难免会带有一些迷信的色彩。早期的植物学家对于植物的认识往往带有个人的想象：有的植物学家认为，植物是口埋在地下，从土中吸取营养的动物；有的植物学家甚至认为，地下生长的植物长得像人一样，要想抓住完整的植物标本就得抓住植物的"头"、拧断植物的"脖子"，这样植物的地下部分就"跑不掉"了（图1-12）。

虽然这种关于植物的想象在今天看来多少有些可笑，但这是事实，这是植物学曾经历过的不可逾越的最初认识阶段。科学发展的过程实际上就是人们不断去除人为杂念，使想法不断地更加接近真实存在的过程。植物学也一样，沿着类似的轨迹前进。我们既没必要盲目崇拜植物学权威，也没有必要过于强求古人，他们和我们一样也会不自觉地犯各种各样的主观主义的错误。时刻警惕这种倾向，就会避免犯太多类似的错误。

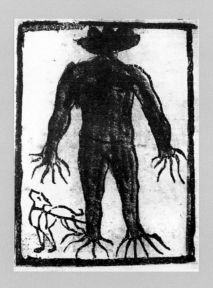

图 1-12

15 世纪西方植物学家眼中的植物，当时人们认为植物和人有着相似的形态。

（引自 Arber,1986）

II

神奇的植物行为

1·胎生植物

胎生是哺乳动物的基本特征之一，也是为人类所熟知的生殖方式。但是对于植物而言，胎生却是一个比较少见的现象。有一类较为特殊的植物——红树科的秋茄（*Kandelia candel*），为了适应特殊的生境，演化出了胎生这种特殊的繁殖方式（图2-1）。在胎生动物中，子代个体的早期发育是在母体内部进行的，这使得子代的发育得到了母体的养育和保护，因而更有利于子代的成长和生存。植物的胎生现象有着异曲同工之妙：秋茄的幼苗是长在母体身上的，在脱落之前一直得到母体的抚育。等长到一定的程度、具有一定的生存能力时，幼苗才离开母体独立生活。

除了秋茄外，还有一些植物也会通过胎生的方式来繁殖，典型的例子是桃金娘目红树科的红海榄（*Rhizophora stylosa*）(Wilson & Saintilan, 2018)。红海榄作为红树科植被的组成成分生活在潮间带。那里不仅没有肥沃的土壤，还时常受到海浪的侵袭，因此为了扎住阵脚，红海榄不仅具有反复分枝的支持根和指状的呼吸根，而且还有泌盐功能或者肉质的叶片。这些植物构成的植被类型叫作红树林。当然这种植物在开花结果后，如果种子像普通植物一样从果实中散落，就会直接掉落在海水里，随海水漂流到远方。这种不确定性显然不利于种群的繁衍生息，幸好红海榄进化出了胎生模式，可以大大避免这种不利的情形。红海榄的果实成熟后还会继续长在母体植物身上。最有趣的是，其果实并不像普通植物那样开裂，让种子散播出去，而是让种子直接在果实里萌发形成小苗，等到小苗长到几十厘米后才从母体上脱落，脱落的胎苗直接扎向淤泥，就可能在脱落的地方扎根，形成新的植株。这个过程中，种子在母体上继续吸收营养，直到长成幼苗，就像哺乳动物的胎生方式一样，因此红海榄被称为是会"生小孩"的树。

除了秋茄和红海榄，某些裸子植物，例如罗汉松的种子也会在母体植株上萌发出小苗，而小麦如果不及时收割又恰逢连阴雨的时候，麦粒也会在麦穗上发芽，造成减产。很显然，在这两种情形下，普通的生境并没有给这些植物更多的竞争优势。这也是为什么这些植物不能算作胎生植物的原因。

图 2-1

秋茄 | *Kandelia candel*

具有胎生现象的红树科的秋茄以及悬在母体上的幼苗。

秋茄 Kandelia candel

幼苗长在母体上，在脱落之前一直得到母体的抚育。

2·胞吐现象

有些人认为，植物天生笨拙，又不会动弹。但实际上这是对植物的误解。

胞吐现象是真核生物中常见的生理活动，在这个过程中，细胞把合成的有机大分子包装在小泡里，运送到细胞的边缘，小泡膜和细胞膜对接后，在细胞表面形成一个小孔，把小泡里的内容物释放到细胞外。这个过程的时间可长可短，很多胞吐现象是在 1 秒内完成的。这个过程和很多的生理活动相关，因此具有重要的生物学意义，常常成为结构生物学家研究的重点。现代生物学家花费了很多精力来研究这个过程，尤其是电镜技术的应用使得人们能够看到过去难以看到的细微结构，快速冷冻制样技术又能够将正在进行的生理活动迅速固定下来。尽管这些技术使得人们成功地观察到了小泡、细胞膜的细节，但是令现代植物学家感到遗憾和困惑不解的是，他们想象中的小泡和细胞膜半离不离、半合不合的中间过渡状态一直未得到电镜观察的实证。原因是这个中间过渡状态确实是瞬间消失的，目前人类拥有的最先进的技术还不足以捕捉这个瞬间。那么，人类最先进的制样技术有多快呢？有一种叫作"微波固定"的技术，最快的情况下可以在 26 毫秒（26 毫秒就是大约四十分之一秒）完成对样品的固定。遗憾的是，即使这么快的固定技术也未能抓住人们想象中的那个瞬间。

那么，是不是人们预期和想象中的中间过渡状态真的就没法看到了呢？答案是否定的。但出人意料的是，这个瞬间竟然是在一块至少 1 500 万年前的化石植物（不是现代的生物样品）中看到的〈图 2-2〉。在这块来自美国中新世的松柏类球果中，植物的组织保存完好，连植物细胞的内容——细胞质都被保存下来！就在这个球果的表皮细胞中，可以看到小泡处于从细胞中向外运动、与细胞膜结合、把其内容物胞吐到细胞外的各个不同阶段。最令人称奇的是，有几个小泡才刚刚靠近细胞膜，但并未与细胞膜发生实质上的联系，而是在二者之间刚刚形成一个前人预期已久的类似桶状的连接结构〈图 2-2 左〉(Wang et al., 2007b; Wang et al., 2011)。

这一瞬间之所以这么难得一见，是由于前人从理论上计算出这个中间过渡状态在细胞中仅仅存续 8~10 毫秒。前人孜孜以求而不得的原因在于，到目前为止，样品固定技术的能力不足，没能在 10 毫秒内完成生物样品的固定。那么，有人不禁要问这块化石中的样品难道有这样的技术吗？答案是有。在某种特殊的条件下，这块化石中正在进行的胞吐过程能够被迅速固定 (Wang, 2004)。

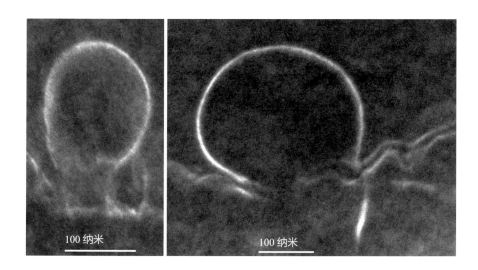

图 2-2

1 500 万年前的化石植物中的胞吐现象

左图为上方的小泡和下方的细胞膜之间的瞬间消失的连接结构；右图为小泡的单层磷脂分子组成的小泡膜和两层磷脂分子组成的细胞膜。

（引自 Wang et al, 2007b）

3·兰花的快速传粉

　　兰花好看，所以为大众所喜爱。开兰花的植物自己组成了一个科，叫作兰科。兰科是被子植物中最大的科之一，包括 800 多属、2 万多种植物。兰花有一个独有的特征，那就是兰花中雌蕊和雄蕊是愈合在一起的，形成所谓的"合蕊柱"。

　　兰花是虫媒花，也就是说，兰花的授粉过程需要昆虫的参与。一般情况下，花的雄蕊成熟以后，花粉囊会开裂，里面的花粉粒会散播出去，通过一定的路径到达雌蕊顶端的柱头，然后花粉萌发，长出花粉管，完成授粉过程。而兰花的雄蕊则不同，成熟后不会有花粉囊的开裂和花粉粒单独的散播过程，相反，兰花的花粉会形成一个外面有一层黏性物质的花粉团。这个花粉团会粘在访花昆虫的背部，并被后者载到雌蕊的柱头上来完成授粉过程。

　　有学者研究过瓢唇兰属（*Catasetum*）植物的授粉过程。这种兰花的授粉过程需要蜂的帮助。为了授粉成功，瓢唇兰属的兰花为蜂设计和准备好了专门的通道和蜜，所以蜂只有通过这个固定的通道才能够顺利地采到蜜。但是瓢唇兰属的兰花也会准备好花粉团并且在通道上设置好自己的"机关"——一个类似扳机的结构。在蜂通过通道爬向蜜腺的过程中，蜂的身体会触发这个机关，引发瓢唇兰属的兰花一个本能的动作：把自己黏黏的花粉团准确地投射向蜂的背部。这个过程非常准确且异常迅速。这里的"异常迅速"究竟是怎样的快速呢？

　　目前，瓢唇兰属的兰花的反应极限是多少还不得而知，但有一点是确定的，从蜂触动机关到花粉团粘到蜂背上的整个过程不超过 20 毫秒。

4 · 兰花主动的繁殖行为

兰花的传粉过程非常快，但兰花的奇异之处还不止于此。兰花的授粉过程是虫媒的，那么这是否意味着如果没有昆虫，兰花就没有办法完成自己的授粉过程？当然不是。有些兰花为了保障自己谱系的延续，演化出了一种可以不依靠昆虫就能独立自行完成授粉的方式。

大根槽舌兰（*Holcoglossum amesianum*）是一种生长在云南思茅海拔 1 200~2 000 米的兰科植物（图 2-3）。虽然它是兰科植物的一分子，但是大根槽舌兰的授粉过程却不同于其他的兰科植物：它不需要昆虫的帮助，而是自行完成授粉过程。当花药成熟的时候，里面的花粉团不是通过昆虫来传递的，它的雄蕊有一个能够转动的柄，这个柄的转动能够把其顶端的花粉团准确无误地塞进雌蕊顶端凹陷的生殖腔里，然后这些花粉就可以使子房里成千上万的胚珠受精，形成种子（Liu et al., 2006）。

这也许是这种植物特有的方式：能够在没有昆虫和任何外力帮助的情况下，自行完成传宗接代的使命。

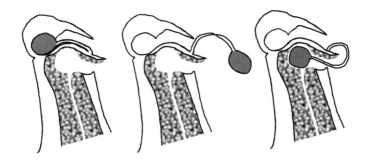

图 2-3

大根槽舌兰 | *Holcoglossum amesianum*
独特的自我授粉过程。

5·爱火的植物

　　和所有的动物一样，植物作为一种生命形式也是生活在一定的温度范围内的。但是不同的植物对于温度的适应能力是不一样的。有些地方经常发生野火，造成的生态学后果非常严重。虽然野火对于人类来说具有破坏性甚至是致命的，但对于部分植物来说倒并不全是负面的影响。这些野火其实在某些地区是家常便饭，当地的植被在很大程度上已经适应了野火及其带来的效应。有些豆科植物对野火的适应可能过了头，它们竟然喜欢野火带来的高温：它们的种子在经过野火烧过的生态位里生长得更好。澳大利亚的哈克木（*Hakea*）、斑克木（*Banksia*）、桉树（*Eucalyptus*）都是喜火的植物。斑克木的果实是木质化的蓇葖果，这种果实过于结实，一般情况下种子钻不出来。只有经过野火的炙烤，果实才会开裂，种子才有机会掉出来，到土壤里发芽。这时候种子的环境是得天独厚的：既没有强势的竞争者，而且还有很好的肥料——刚刚烧过的草木灰，阳光也比以往更加充足。所以，虽然植物母体被烧死，但是其后代得到了更广阔、更优化的生存空间。岩玫瑰（*Cistus*）和很多豆科植物如金雀花（*Cytisus*）喜欢把自己的种子存在土壤中，等待高温来了以后再萌发。有些松属（*Pinus*）植物采取的是另外一种策略：它们把种子一直高高地保留在树端上的球果中，野火不来，种子就不掉出来；野火一来，松果就开裂，把种子撒向野火烧过的土地。所以，有人说这些植物是离不开火的。

斑克木 Banksia

斑克木的果实是木质化的蓇葖果,这种果实过于结实,一般情况下种子钻不出来。

6 · 爱烟的植物

有爱火的，就有爱烟的，植物也一样。

有学者研究表明，存在于烟中的某些组分可以唤醒休眠中的种子，这种组分的英文名为 karrikinolide（一种丁烯酸内酯），意思是"烟分子"。这种烟分子是纤维素等有机物燃烧后形成的副产品。为了证明就是这种烟分子把种子从休眠状态中唤醒的，他们设计了实验：把这种烟分子溶解在水中，再用这种溶液浸泡各种植物的种子。结果证明他们的猜想没错：这些经过浸泡的种子很快就萌发了！看来至少某些植物的种子是喜欢烟的。我们熟悉的莴苣和芹菜就是爱烟的植物。

7·爱食肉的植物

动物吃植物是常见的现象，那么植物吃动物呢？植物似乎不会动，也不够灵活，怎么可能吃到会动会跑的动物呢？但是大千世界无奇不有，植物界还真就有一些比较厉害的植物，它们不是吃素的，而是吃动物的。

茅膏菜（*Dionaea muscipula*）属于茅膏菜科（Droseraceae），别称捕虫草、食虫草、苍蝇网。它们有一个英文雅称——Sundew（阳光下的露珠），这个名称的由来和其形态密切相关。茅膏菜的基生叶呈线状钻形、圆形或扁圆形，叶缘密布着头状黏腺毛，其顶端分泌球状的黏液滴，在阳光下熠熠生辉，看起来就像露珠一样。每当昆虫靠近这些黏液滴的时候，就会被粘住，此时茅膏菜的叶片也会发生卷曲，把昆虫包裹起来。这些黏液滴会淹死被俘的昆虫，其中的有机酸和消化酶会把昆虫的蛋白质分解成植物本身能够吸收的成分，满足植物对矿物质的需求，这个过程通常需要几天才能够完成。其实这些植物也是"穷则思变"，不得已而为之：和其他的肉食植物类似，茅膏菜生活的环境中经常缺乏氮元素的供给，在从土壤中没法获取氮元素的情况下，茅膏菜把自己的胃口朝向了天空，通过捕捉昆虫来解决氮元素缺乏的问题。

茅膏菜的策略是利用自己分泌的黏液来粘住昆虫，而猪笼草采取的策略则是设下陷阱、守株待兔。猪笼草〈图 2-4 上〉属于猪笼草科（Nepenthaceae），它的特殊技能在于其叶片特化成像瓶子一样的囊状物——捕虫笼，而且笼口有一个能开合的盖子，笼内能分泌香甜的蜜汁，吸引爱冒险的昆虫进来吃蜜。一旦昆虫进入，猪笼草就会迅速合上盖子，同时粘住昆虫，捕虫笼内表面的上部有蜡质区，光滑的蜡质可以防止落入捕虫笼内的小昆虫爬出、逃脱，最后猪笼草会用自己分泌的消化黏液粘住、淹死并消化被捕获的小昆虫。与具有此捕虫机关和策略类似的植物，还有分布于澳大利亚的土瓶草科（Cephalotaceae）的土瓶草。

眼镜蛇瓶子草（*Darlingtonia californica*），也叫加州瓶子草，属于瓶子草科

（Sarraceniaceae），主要分布在美国加利福尼亚州和俄勒冈州（图2-4 下）。眼镜蛇瓶子草具有食肉功能的主要原因是其叶转变为倒锥状的捕虫囊，捕虫囊色彩明艳，具有不规则的半透明白色斑纹，囊口边缘内弯，囊口处的蜜腺能分泌香甜的蜜汁招引路过的昆虫。囊内壁表面上整齐排列的蜡质微片、倒刺毛能够防止被捕捉的昆虫逃逸，一旦受骗的昆虫跨过囊口爬入囊内，一不小心就会滑落进囊底的消化液内，被活活淹死。捕虫囊分泌的消化液含有蛋白酶，可将昆虫的蛋白质溶解为可以吸收的氨基酸类营养物质，达到补充眼镜蛇瓶子草植株养分的效果。

图 2-4

食肉植物的猎物

上左和上右图是猪笼草；下左和下右图是眼镜蛇瓶子草。

眼镜蛇瓶子草　Darlingtonia californica

属于瓶子草科．主要分布在美国的加利福尼亚州和俄勒冈州。

8 · 好吃懒做的寄生植物

正常的植物包括根、茎、叶、花、果实等器官，但并不是所有的植物都具有所有这些器官。有些植物没有能够从土壤中吸收营养的根系，相反这些植物又具有正常植物没有的器官，比如吸器。正是靠着吸器，这些植物与寄主相连，并由此达到获取营养的目的。

槲寄生（*Viscum*）属于桑寄生科（Loranthaceae），顾名思义，是寄生或半寄生的灌木，叶对生，革质，长椭圆形至椭圆状披针形，没有根，但其吸器中的导管会和寄主维管束中的导管直接相连，从而吸取水分和无机盐。常见的寄主包括松、榆、杨、柳、桦、栎、梨、李、苹果、枫杨、赤杨、椴树等植物。它们的种子主要靠鸟类传播，没有休眠期。槲寄生吸器的发育和寄主分泌的特异性化学感应物质的诱导有关系，因此这种寄生关系有时候是专属的。

此外，大王花（*Rafflesia arnoldii*）也是一个特别典型的例子。大王花虽然巨大，直径可达一米，却是一个在营养上完全依赖其他植物的寄生植物。大王花不但没有根，而且连茎、叶这些在别的植物中必不可少的器官也没有，自己不进行任何光合作用，直接开花结果，真可以称得上是纯粹的"好逸恶劳的寄生虫"。

槲寄生 *Viscum*

属于桑寄生科,叶对生,革质,长椭圆形至椭圆状披针形,没有根,但其吸器中的导管会和寄生维管束中的导管直接相连,从而吸收水分和无机盐。

9·飞檐走壁的爬山虎

爬山虎（*Parthenocissus tricuspidata*），又名地锦、爬墙虎，属于葡萄科爬山虎属，是多年生落叶藤本植物。爬山虎是常见的攀缘植物，具有抗寒、耐热、耐旱、耐瘠薄、适应性强等特点。全世界目前有 15 种爬山虎。

爬山虎之所以能"爬"，是因为其枝上有由茎转变而来的多分枝卷须，卷须顶端有黏性吸盘（图 2-5）。爬山虎叶互生，肥厚，边缘有粗锯齿，两侧对称，常 3 裂，有较厚的角质层。叶背面具有白粉，叶脉处有柔毛。幼叶较小，常不分裂。聚伞花序，雌雄同株。花小，多为两性，花 5 数，与叶对生。花萼全缘，花瓣顶端反折，子房 2 室，每室 2 胚珠。浆果呈紫黑色。爬山虎的根、茎可入药，果可酿酒。

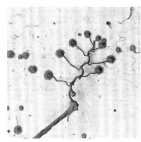

图 2-5

爬山虎 | *Parthenocissus tricuspidata*

左图为沿着树干顽强地向上爬的爬山虎；中图为爬山虎茎的侧枝顶端长出类似液体的物质附着在树干上；右图为爬山虎干枯以后在墙或者岩石上留下的足迹。

爬山虎 *parthenocissus tricuspidata*
又名地锦、爬墙虎,属于葡萄科爬山虎属,是多年生落叶藤本植物.

10·"奴役"榕小蜂的无花果

无花果（*Ficus carica*）的花是单性花，位于瘾头花序内部，而瘾头花序顶端的开口很小，只能允许个体很小的榕小蜂进入来帮助无花果完成授粉过程。榕小蜂钻入无花果的花后开始在花序内部产卵、孵化，直到幼虫成熟、交配。雄蜂完成交配之后便死亡，而雌蜂则飞出无花果并带出花粉到雌花序完成授粉使命。无花果的雌蕊进化出了两种不同的花柱：长柱花和短柱花。短柱花的花柱长度与榕小蜂的产卵器长短正好匹配，榕小蜂在短柱花的子房里产卵，而长柱花则接受花粉生产种子。榕小蜂利用前足的"花粉刷"把花粉收集到胸前的"花粉筐"里，携带到雌性的无花果里，把花粉散播在雌花柱头上。无花果树与其传粉者榕小蜂互相依赖的关系可以追溯到1.45 亿—0.65 亿年前的白垩世。

无花果 *Ficus carica*

无花果的花是单性花，位于瘾头花序内部。

11·攀高枝与绞杀绝技

　　绞杀现象是热带雨林里的一道奇观，常见于我国云南的西双版纳。绞杀现象大多发生在榕树上，榕树的种子被鸟类通过粪便或其他方式传播到高大挺拔的棕榈树、铁杉树的树干（寄主）上，发芽后附着在寄主的表面，继而长出许多气生根沿着寄主树干延伸到地面，并插入土壤中。这些气生根触地后逐渐加粗并分枝，在寄主周围形成网状结构，从而紧紧地缠绕住寄主的茎干，形成一个"紧箍咒"阻止寄主植物的生长，之后慢慢植入寄主的底部，并与之争夺养料和水分，逐渐转变角色成为既附生又自主的植物。绞杀植物从外面缠绕、围困寄生植物，从下面抢夺水分和营养供给，经过多年对寄生植物的困杀，最后导致寄主植物逐渐死亡、枯烂，乃至最终消失。最后的结果是，寄主植物的内部形成一个空洞（图 2-6）。绞杀现象是植物之间相互竞争的结果，类似于动物界的弱肉强食。

图 2-6

——

绞杀

绞杀植物的藤本植物中间会形成一个能够容得下人的空洞。

12·浑身长刺的植物——仙人掌

仙人掌（*Opuntia dillenii*）是热带植物，生活在干旱、贫瘠的环境中。有些仙人掌植物的形状像手掌，由此得名仙人掌。其实，仙人掌的形状是多种多样的，有的是掌状，有的是棒状。仙人掌能够忍耐极其恶劣的环境，可以说是"逆来顺受"的模范。仙人掌的生命力极强，即使掉落在生活空间狭窄、营养匮乏的岩石夹缝中，它也会顽强地生长（图2-7右）。有些仙人掌长得很苗条，而且有节，看起来很不结实，好像随时要从节上断掉似的，但就是这个特征决定了这种植物的生存之道：这种仙人掌植物很容易从节上断开，断开的一小节仙人掌就会挂在动物身上，并随着动物的移动被传播到新的生境，从而生存下来（图2-7左）。仙人掌既有长刺的，也有不长刺的（图2-7中）。仙人掌植物正是凭借这种顽强不屈的精神，使得仙人掌科在特定地区的植被中占有了重要甚至是绝对的优势地位，为自己打下了一片天地。仙人掌科有100多属2000多种，十分繁盛。

图 2-7

浑身长刺、生命力强盛的仙人掌 | *Opuntia dillenii*

左图为呈棒状、有节的仙人掌；中图为有刺和没刺的仙人掌；
右图为生长在岩石缝隙间的仙人掌。

仙人掌 Opuntia dillenii

热带植物，生活在干旱、贫瘠的环境中。

13 · 被果植物

　　被果，即被子植物在包裹胚珠的基础上进一步将自己的果实包裹起来。不同的被子植物对种子的保护程度是不一样的。某些被子植物除了保护其种子外，还进一步对包裹其种子的果实提供保护，而且这种保护在不同的植物类群中也有程度之分。从对果实保护的严密程度上讲，有的植物比其他植物保护得更加严密。一般植物的果实是裸露的，没有任何保护层。蜡梅的果实是长在一个近碗状的杯托里的，后者为这些果实提供了一定程度的保护。栗子的果实也有类似的情形（图 2-8）。产自非洲的坛罐花（*Siparunia*）的多个心皮的子房是位于一个坛状组织的保护之中的，后者只在顶端开一个小孔让花柱从中伸出来接收花粉，从而完成受粉过程。类似的情形在早白垩世（1.25 亿年前）的义县组地层中出产的化石植物——梁氏朝阳序（*Chaoyangia liangii*）、迪拉丽花（*Callianthus dilae*）中出现过（图 2-8）(Duan, 1998; Wang & Zheng, 2009; Wang, 2018)。无花果对于果实或者心皮的保护进一步加强：多枚心皮被膨大的枝的顶端包裹起来，没有花柱伸出来，其授粉过程更多的是依赖无花果里面的昆虫来帮助完成的。从对果实保护的机械强度上来说，茄科酸浆属的灯笼果（*Physalis peruviana*）果实外面还有一层薄薄的愈合到一起的萼片组成的组织，对果实起到了一定的保护和传播作用。显然，相对此而言，桑科无花果以及蒙立米科的杯轴花（*Tambourissa*）和坛罐花（*Siparunia*）的机械保护强度更高。

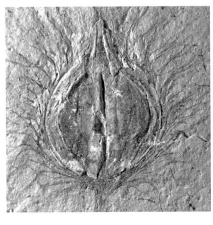

图 2-8
<hr />

早白垩世化石中的被果植物

上左图为梁氏朝阳序；上右图为现
代的锥栗；下图为迪拉丽花。
（上左图、下图引自 Wang，2018）

14 · 长"果实"的裸子植物

红豆杉（*Taxus*）又称紫杉，是国家一级珍稀保护树种，其生长速度缓慢、再生能力差，已有至少 250 万年的历史。红豆杉是乔木，高达 30 米。叶螺旋或者交互对生，条形至披针形，背面有两条气孔带。雌雄同株或异株。雄球花单生于叶腋，具 3~9 花药，花粉无气囊。种子被杯状，红色肉质假种皮从下面和周围包围。多年生，生性耐阴，密林下亦能生长。分布于暖温带至中亚热带南部海拔 500 米以上的山地。

和大多数裸子植物不同的是，红豆杉的种子周围有肉质假种皮（图 2-9）。假种皮颜色鲜艳，所以可以吸引动物食用，以达到传播种子的目的。很多人称这个假种皮为"果实"，因此红豆杉可能是少数有"果实"的裸子植物。

图 2-9

红豆杉 | *Taxus*

红豆杉的种子外有肉质假种皮。

红豆杉　*Taxus*

乔木,高达30米。叶螺旋或者交互对生,条形至披针形,背面有两条气孔带。雌雄同株或异株。雄球花单生于叶腋,具3~9花药,花粉无气囊。种子被杯状,红色肉质假种皮从下面和周围包围。多年生,生性耐阴,密林下亦能生长。分布于暖温带至中亚热带南部海拔500米以上的山地。

罗汉松（*Podocarpus macrophyllus*）是比较特殊的松柏类，特殊在它们的"果实"（图2-10）。罗汉松的"果实"和红豆杉的不一样。红豆杉的"果实"在种子周围，罗汉松的"果实"则位于种子的下方。罗汉松的"果实"味道香甜，这个特性也许揭示了它的生存之道：这种"果实"的味道和营养价值吸引鸟类的取食，从而"顺便"将种子传播出去。另外，罗汉松还有一个不引人注意的特性：胎生。罗汉松的种子会在母体上发芽，甚至长出幼苗，和红树林的胎生特征类似。可能是由于罗汉松生活在陆地上，这种特性似乎没有给罗汉松带来多大的生存竞争优势。但是，如果未来环境发生变化，这种特性说不定能给其带来某种优势。

在裸子植物中，"果实"最像被子植物的也许是杜松（*Juniperus rigida*）。杜松的"果实"有点像浆果，却又不同于一般的浆果，杜松的"果实"里包裹着3粒种子（图2-11）。与前面两种不同（"果实"在种子的周围或者底下），杜松的种子是

图 2-10

罗汉松 | *Podocarpus macrophyllus*

罗汉松的"胎生"现象（种子在母体上萌发）。

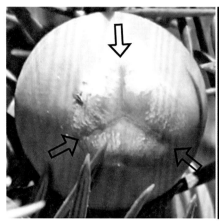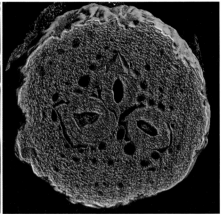

图 2-11

杜松和它的肉质"果实"

左图为"果实"顶面观；右图为"果实"CT横断面，
可以看见包裹在"果肉"里的3粒种子。

被这些果实完全包裹的，这种情形使得杜松和被子植物十分类似。那么，杜松和被子
植物的差别在哪儿？其实二者的差别很小。种子植物的演化历史上出现了两个独立的
事件：对胚珠／种子的包裹和授粉过程。这两个事件发生在一个植物体上的时候，有
先后顺序。如果授粉过程先发生，该植物就被人们认为是裸子植物；如果对胚珠／种
子的包裹先发生，该植物就被人们认为是被子植物。杜松是授粉过程先发生，因此它
被人们认为是裸子植物。但是它和被子植物之间的差别仅仅限于这两个独立事件的先
后顺序，也许某一天植物由于某种原因发育程序发生调整，杜松中这两个事件的发生
顺序发生反转，到那时，它被称作被子植物还是裸子植物好呢？

裸子植物和被子植物的生殖周期基本类似。但是裸子植物没有所谓的花朵，它们的生殖器官是雌球果或雄球果。一般而言，雄球果有一个中轴，中轴周围螺旋排列着很多被人们叫作"小孢子叶"的侧生结构，这个侧生结构的背面（远轴面）或者顶端有多个花粉囊，其中的花粉在成熟的时候被风或动物传播出去。和被子植物类似，裸子植物的花粉是寄生在孢子体上的，由此发育而来的雌配子体也同样寄生在孢子体上。略微不同的是，裸子植物的雌配子体不像在被子植物中那么退化，而是可以长出几个颈卵器，每个颈卵器中的卵细胞都可以受精形成胚，因此裸子植物的多胚现象比被子植物更加常见。在花粉及雄配子体方面，裸子植物的花粉管并不常见，精子似乎更加原始，有时候还会有鞭毛。

15 · 浮水的蕨类植物

槐叶萍（*Salvinia*）是一种特殊的蕨类植物（图 2-12）。蕨类植物一般生长在陆地上比较背阴的生境里。而槐叶萍的特殊之处在于：一方面它漂浮在阳光照射的水里生活；另一方面它具有大多数蕨类植物没有的大孢子。

槐叶萍是一年生小型浮水蕨类植物。茎上有毛，叶 3 片轮生，2 片漂浮水面，水面叶呈矩圆形，因形如槐树叶而得名。叶全缘，在茎两侧密集规则排列，下面密被棕色茸毛，叶脉斜出，在主脉两侧有 15~20 对小脉，小脉上有 5~8 束白刚毛。另一片叶悬垂水中，具细毛，形如须根。多个孢子果簇生于水下叶的基部，见于温暖、无污染的静水水域上。

槐叶萍的孢子果呈球形。孢子果的壁由囊群盖特化而来。大多数蕨类植物是同孢的，也就是说，它们没有所谓的雌雄之分。但槐叶萍是有雌雄之分的。槐叶萍的孢子果分为大孢子果和小孢子果，分别对应雌、雄生殖器官。大孢子果较小，由少数大孢子囊组成；小孢子果较大，由多个小孢子囊组成。

图 2-12

水生的蕨类植物——槐叶萍 | *Salvinia*

16 · 气球果

气球果又名海豚果、钉头果、风船唐棉，学名为 *Gomphocarpus fruticosus*，是真双子叶植物中的萝摩科钉头果属的灌木植物〈图 2-13〉。气球果原产于地中海，是一种有毒的植物，喜高温湿润气候，耐贫瘠和干旱。气球果四季常绿、生长迅速。茎被微毛。叶呈线形，端部渐尖，基部渐狭成叶柄，无毛，叶缘反卷。聚伞花序位于叶腋，花蕾呈圆球状。气球果的花朵小巧玲珑、色彩淡雅。花萼披针形，外被微毛，内有腺体。花瓣呈宽椭圆形。花药顶部具薄膜片，其花粉块下垂，呈长圆形。果实形态奇异，圆鼓鼓的，像个生气的河豚，故有"河豚果"的美称。果中无果肉，像气球一样具有弹性，一捏即扁，一放又复原，因此叫"气球果"。果实的外果皮分布着长达 1 厘米的软刺，这些软刺类似钉子，所以又叫"钉头果"。其种子呈卵圆形，具有白色、长达 3 厘米的毛。果实成熟后果皮会爆裂，包在里面的种子就像一个个"小降落伞"随风飘散，开启它们的传播旅程。

图 2-13

形貌奇特的气球果 | *Gomphocarpus fruticosus*

17 · 花中花

常见的花包括花萼、花瓣、雄蕊和雌蕊四部分。你看到过花中花吗？也许没有，但是自然界确实有花中花。

图 2-14 显示的是一种桃花，叫作双色桃花（*Prunus persica* cv. *Erse Tao*）。和普通桃花不一样的是，在花的中央，看不到人们常见的雌蕊或者子房，而是又一轮绿色的花萼和白色的花瓣。所以，这就是传说中的花中花。

其实这种花中花在前人的文献中也有记载，只是所用的名词有些许不同而已。前人有叫花套花、心皮里的花、子房里的花（Battey & Lyndon, 1990; Feng, 1998; Galimba et al., 2012），但这都是同物异名而已。花中花告诉人们，所谓的雌蕊并不是什么特殊的器官，而是普通的枝和叶的组合。

图 2-14

双色桃花的花中花 | *Prunus persica* cv. *Erse Tao*

双色桃花子房的位置出现了绿色的叶片，而其里面似乎又有一朵花存在。

18·果中果

　　和花中花一样有意思的现象是果中果。正常的果实中只有种子，这是因为正常的植物中，果实是由原来的子房发育而来的，而子房里包裹的是胚珠，后者受精后会发育成种子。所以果实里有种子是天经地义的事情，但是果实里有果实就是令植物学家费解和意外的事情了。但现实情况确实如此。

　　图 2–15 显 示 的 是 我 们 经 常 吃 的 蔬 菜 —— 大 辣 椒（*Capsicum annuum* var. *grossum*）。如果见过普通的大辣椒，你也许已经惊讶地发现下图中的这个辣椒有点不一般：普通的辣椒里面有很多种子，而这个辣椒里似乎还有另外一个辣椒！

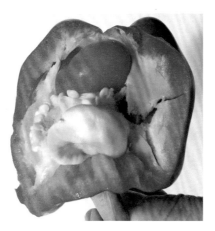

图 2–15

大辣椒的果中果 │ *Capsicum annuum* var. *grossum*

19·茎上生花

花开枝头是常见的自然现象，但是在热带雨林中，有些花和果实却是长在树干上的，这是热带雨林植物的特点之一。这样的植物不在少数，例如大果榕（*Ficus auriculata*）（图 2-16）、火烧花树（*Mayodendron igneum*）、木奶果（*Baccaurea ramiflora*）、木瓜榕（*Ficus auriculata*）、聚果榕（*Ficus racemosa*）、鸡嗉子果（*Ficus semicordata*）、波罗蜜（*Artocarpus heterophyllus*）、番木瓜（*Carica papaya*）、可可（*Theobroma cacao*）、扁担藤（*Tetrastigma planicaule*）、寄生楝（*Melia parasitica*）和棕榈科植物（如槟榔、椰子、王棕）。其中波罗蜜这种热带水果可能是最有名的，其果实可重达 20 千克，这么重的果实只有树干才能撑得住。

除了棕榈科植物（果实长在近树端）以外，这些植物的花和果实大多是长在树干上的。热带雨林的树冠可以分为上、中、下三个层次。这些植物在热带雨林中形成下层乔木，它们的繁衍需要昆虫帮忙。为了便于昆虫活动，它们把花朵开在树干甚至根上，使昆虫有更多的授粉机会，这是它们在热带雨林生境下的一种生存之道。

由于近代植物学主要发端于欧洲，关于植物学的知识积累在很大程度上是基于对欧洲植物的研究，而对欧洲以外植物的解读也是按照欧洲植物学家基于欧洲植物的经验来进行的。当时的欧洲植物学家没见过茎上生花这种现象，所以毫不奇怪他们见到茎上生花的现象时就和普通人一样感到惊讶不已。奥斯伯克（Osbeck）是瑞典植物学家。1752 年，他途经爪哇看到树干上长出很多美丽的花朵时，他确信自己发现的是无叶的寄生植物新种，并将其命名为寄生楝（*Melia parasitica*）。其实，那只是那株树茎干上长出的花朵，也就是这里讲的茎上生花。由此可见，在自己熟知的领域外，即使是植物学家同样需要谨慎从事，否则难免会犯错误。

图 2-16

大果榕 | *Ficus auriculata*

大果榕长在茎干上的果实。

大果榕 Ficus auriculata

20·长在叶片上的蕨类孢子囊

　　相比裸子植物和被子植物，蕨类植物是大家相对不太熟悉的植物类群。它们和种子植物（裸子植物和被子植物）的重要区别在于生殖方式不同：蕨类植物是通过孢子繁殖的，而种子植物是通过种子来繁殖的。在生殖器官的形态上，蕨类植物和种子植物也有很大的区别：蕨类植物的孢子来自孢子囊，而大多数孢子囊以孢子囊群的形式成簇地长在蕨类羽片（等同于叶子）的背面或者边缘上，这和在种子植物中看到的独立于营养叶片的生殖器官有明显的区别，也从侧面反映了蕨类植物的进化程度。在植物学上，蕨类植物长有孢子囊的羽片叫作实羽片或者可育羽片，没有孢子囊的羽片因为只进行光合作用而无生殖功能，所以叫作营养羽片。

　　实际上所谓的实羽片是一种复合体，而不是简单的叶。最原始的裸蕨植物中没有我们现在常见的叶。也许人们不禁要问，植物能没有叶子吗？如果没有叶子，那它靠什么来进行光合作用？不错，现在我们常见的植物是靠叶片进行光合作用的，但并不是所有的陆地植物都要靠叶片来进行光合作用。那些沙漠里的仙人掌科植物就没有明显的叶，还有裸子植物中的麻黄也几乎没有叶。至少这两类植物的光合作用是依靠茎来完成的。同样的，早期的裸蕨植物也是通过类似的方式来进行光合作用的。既然不用叶，那么我们今天常见的蕨类植物的营养羽片又是哪里来的呢？

　　我们今天看见的蕨类植物的营养羽片是蕨类植物经过几亿年的演化而来的。这些所谓的羽片实际上是原来分布在三维空间的、进行光合作用的枝排列到一个平面上相互愈合的结果。可以稍微扩大地说，我们现在看到的叶片几乎都是通过这个方式形成的，呈现在我们面前的各种各样的植物形态只是经久不息的演化过程的一个瞬间。之所以这么说，主要是因为：第一，化石中发现的早期陆地植物确实没有叶；第二，古植物学家发现的化石证据证明，原来枝通过扁化、蹼化过程形成了最早的大型叶；第三，有些现生的蕨类羽片中还保留有周韧式维管束，其中木质部在中央，韧皮部在周围。蕨类植物的羽片出现周韧式维管束可能有以下两个原因：一是羽片由原来的枝演化而来；二是羽片尚未完成从枝到叶的全部演化步骤。

从图 2-17 的蕨类植物可以看出，即使在现代蕨类植物中，孢子囊也都是长在枝上的。如果营养羽片是特化的枝，那么实羽片就是在营养羽片的基础上再加上长孢子囊的枝而已。考虑裸蕨中几乎每一条枝的顶端都长有孢子囊，上面所说的营养羽片实际上是可育的枝败育、拼合的结果。现代蕨类植物中的实羽片可以看成是由可育的枝和败育的枝共同组成的混合的枝系统。例如，侏罗纪的化石蕨类——膜蕨型锥叶蕨（*Coniopteris hymenophylloides*）的小羽片和孢子囊是混生在一起的，那些小羽片和孢子囊都是同宗同源的弟兄，只是发育过程中有着不同的命运安排而已。

图 2-17

蕨类植物的羽片和孢子囊群

图 a 为侏罗纪时代产自山东的膜蕨型锥叶蕨中同源、混生的小羽片和孢子囊（引自 Yabe & Oshio,1928 ）；图 b、c、d 为现代蕨类植物中长在羽片边缘和背部的孢子囊。

孢子植物和种子植物在生殖周期方面有相似之处，但是两者的重要区别是有没有种子。孢子植物是通过孢子来繁殖的，生殖器官也不是被子植物的花或者裸子植物的球果，而是着生于孢子体（二倍体）羽片背面（远轴面）或边缘的孢子囊。孢子囊基部都有维管束相连接。孢子囊中含有大量经过减数分裂形成的孢子（单倍体），性成熟时，孢子囊沿着一个加厚的环带开裂，释放其中的孢子，孢子可以随风飘散传播出去。和种子植物相比，孢子植物的配子体（单倍体）更加独立，不是寄生在孢子体上的，而是飘落到合适的环境中萌发，发育成独立生活的配子体——原叶体（单倍体）。原叶体上可以长出颈卵器或精子器，性成熟时，每个颈卵器中的卵细胞都可以和沿着水膜游过来的精子发生受精作用形成合子，然后萌发长成新一代的孢子体（二倍体）。孢子植物中的孢子有同孢和异孢之分。同孢形成的配子体形成什么性别的生殖器具有一定的随机性，甚至可以产生两种性别的生殖器；异孢形成的配子体则具有一定的规律：小孢子形成的配子体产生精子器，大孢子形成的配子体产生颈卵器。

由此可见，种子植物和孢子植物的生命周期都有固定的两个环节：减数分裂形成孢子和受精作用形成合子。除此之外，夹在孢子和合子之间的环节发生了很多变化，这些变化是形成植物多样性的基础。从同孢植物、异孢植物、裸子植物，到被子植物的整个过程，配子体越来越退化，越来越依赖并寄生在孢子体上。

21·长在枝上的孢子囊——独特的阴地蕨

粗壮阴地蕨（*Botrychium robustum*）在现代蕨类植物中算是奇特的，它隶属于瓶尔小草目阴地蕨科阴地蕨属，分布在我国的西南和东北地区，以及俄罗斯东部和朝鲜等地海拔 4 000 米以下的林下或草坡上〈图 2–18〉。

这类植物根状茎肉质、直立，短粗，根上有许多小根。地上部分分为营养叶和生殖孢子囊穗（这一点比别的蕨类进化）。营养叶长 10~14 厘米，柄长 4~6 厘米，叶片为羽状复叶，长约 7 厘米。末回小羽片呈长卵形，长 1~1.5 厘米，浅裂或全缘。孢子囊穗长 4~9 厘米，宽 4~5 厘米，直立于 19~23 厘米长的柄上，多回羽状分枝。孢子囊位于分枝顶端，横裂。

阴地蕨不同于其他大多数蕨类植物的特别之处，在于其有明显的营养叶与生殖孢子囊穗之分。而大多数蕨类植物给人的印象是孢子囊是长在叶片上的，所以"孢子叶"这个名词似乎合情合理。但是阴地蕨独特的形态（孢子囊长在枝顶端）使得人们对"孢子叶"这个名词的合理性多少存在质疑。

图 2-18

粗壮阴地蕨 | *Botrychium robustum*

上左图为一颗植株，包括地上的一片
叶和孢子囊穗；上右图为孢子囊穗；
下图为长在枝上的孢子囊。
［刘保东 供图］

22 · 拳卷的蕨类幼茎和幼叶

　　蕨类植物虽然没有艳丽的颜色，但是如果仔细欣赏蕨类植物的叶（尤其是幼叶），我们也许会惊叹蕨类植物的几何美。在蕨类植物的发育过程中，有一个其他植物都没有的特征：拳卷的幼茎和幼叶。发育之初，幼茎和幼叶都还没有展开，是卷起来的，幼茎的两侧长出尚未展开的幼叶，这些幼叶和幼茎的排列遵循着一定的几何规律，同时又起到保护幼嫩组织的作用（图 2-19）。各个羽片大小、间距、朝向、卷曲程度都是那么和谐自然。依据这个特征，我们可以对蕨类植物的身份进行确认。

图 2-19

蕨类植物美丽的拳卷状幼茎和幼叶

23·难得一见的配子体植物

一个完整的植物生命周期包括两个阶段：孢子体世代和配子体世代。这两个世代交替发生，植物的生命才能不断地延续下去。

孢子体和配子体的重要区别是它们的倍性不同，即孢子体的细胞核中具有两套染色体（植物学中记作 $2n$），因此植物学上称之为二倍体，与之相对，配子体的细胞核中只有一套染色体（植物学中记作 n），因此称为单倍体。植物学中常常会有多倍体（四倍体或者六倍体），即细胞核中的染色体可能有几套，但不变的是，孢子体植物细胞中的染色体数目是配子体的两倍。常见的植物体（包括各种树木、花草、庄稼）都是植物的孢子体（二倍体），我们很少看到植物的配子体（单倍体）。这背后的原因是在常见的植物类群中配子体很少形成高大的植株，且对我们的日常生活也鲜有影响。

常见植物的生活史不是没有配子体阶段，而是它们的配子体太弱小，不起眼，甚至完全依赖并寄生于孢子体上，并不怎么引起大家的注意。这种情形在蕨类植物、裸子植物、被子植物中很常见。但是在苔藓植物中，情况就完全反过来了：配子体占优势，孢子体比较弱小，不能独立生活，寄生于配子体上。图 2-20 展示的就是苔藓植物的配子体。上图看到的是寄生在配子体上的孢子体，这个二倍体的孢子体不能自己独立生活，只能依靠母体（单倍体的配子体）完成自己的生活史。其中顶端纺锤状的东西是孢子体的孢子囊，从中散发出来的孢子落在合适的环境中，便会长出新一代的配子体。下左图中那个高高耸起的就是苔藓植物的生殖器官（精子器、颈卵器）。

图 2-20

难得一见的配子体植物

上图为青藓（*Brachytheicum*）；
下左图为毛地线（*Dumortiera*）；
下右图为蛇苔（*Conocephalum*）。

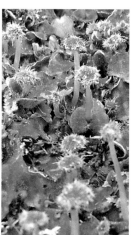

青藓　Brachytheicum

植物的有性生殖周期

几乎所有我们认识的动物和植物都是通过有性过程来繁殖的。一般来说，生物体的体细胞中具有两套染色体（有些植物是例外的，它们是单倍体或多倍体），在生殖过程中，二倍体的组织经过减数分裂形成精子和卵子（这二者具有一套染色体，是单倍体，记作 n），精子和卵子在发生受精作用以后形成合子，又变回了二倍体（$2n$），合子将来会发育成新的生物个体。这是大多数生物都必须遵循的生命周期（Bai, 2015）。

植物也是按照这个规律来完成生命周期的。这个周期在生物学上称为世代交替。被子植物一般是二倍体的孢子体（为了简化问题，我们此后不考虑多倍体的情况）。以常见的玉米为例，玉米植株是二倍体的孢子体。玉米的花是不完全花，也叫单性花。玉米的雄花是长在植株的顶端的，而雌花是长在植株腰间的。到了玉米扬花的时节，雄花的药室中充满了经减数分裂形成的单倍体的花粉，对应地，雌花的子房中也形成了胚珠。胚珠中的大孢子母细胞经过减数分裂形成 4 枚单倍体的孢子，其中只有 1 枚成活（其余 3 枚败育），这枚成活的大孢子发育成一个寄生在珠心里的、极其简化的配子体，最后形成了 8 核 7 细胞的胚囊（其中中央细胞具有两个核）。花粉落在雌花的柱头上以后，单倍体的花粉萌发形成单倍体的配子体，配子体会产生 2 枚精子。这 2 枚精子位于花粉管内，而花粉管会穿过花柱的组织把精子送到胚珠的珠孔。在那里花粉管受到胚囊中助细胞的吸引，循着助细胞的方向把 2 枚精子一直送进胚囊。在胚囊里 1 枚精子（单倍体）和助细胞附近的卵细胞（单倍体）结合形成二倍体的合子（后来发育成胚），另 1 枚精子（单倍体）和中央细胞中的极核（二倍体）结合形成三倍体的胚乳。进一步的发育过程使得这个受精的胚珠形成成熟的种子（二倍体），种子的萌发形成新一代的孢子体个体。

苔藓植物

和我们熟悉的种子植物相比，苔藓植物和蕨类植物都是低等植物。和蕨类植物相反，苔藓植物中占优势的是单倍体的配子体，而不是二倍体的孢子体。苔藓植物的配子体是绿色的，能够进行光合作用和独立生活，而其孢子体却不能独立生活，它们只能寄生在配子体上。单倍体的配子体上的精子器成熟的时候，会释放出大量的精子。这些精子沿着水膜游到配子体的颈卵器上，并与其中的卵子结合。相遇的精子（单倍体）和卵子（单倍体）结合后会形成合子（二倍体），合子萌发出孢子体。孢子体并没有离开或者独立于配子体，而是直接附生在配子体上。苔藓植物二倍体的孢子体很简化，简化到就只剩下一个蒴柄和其上的孢蒴，连孢蒴顶上的蒴帽都是单倍体的配子体的。生殖环节对水分的要求限制了苔藓植物的发展，使得它们不能够远离水体或者潮湿的环境，因而也无法占据真正的陆地生境。这也解释了为什么苔藓植物在现代的生态系统中不能通过生存竞争战胜其他高级类群占据优势地位。

24·有秘密化学武器的植物

经过漫长的演化，植物发展出了很多自我保护的机制。首先，在形态方面，植物表面长有很多保护自己免受动物侵害的结构，比如刺，这种结构对于动物来说就是植物攻击动物的武器。

其次，在化学方面，植物也展现出了令人赞叹的策略和技能。当遭到昆虫的啃食时，马利筋就会分泌一种毒素——强心甾，这种毒素能够积极有效地减少昆虫对整个种群的危害。吃了马利筋的王蝶会把这些毒素积攒起来，并利用这些毒素保护自己。正是由于有了这些毒素，王蝶的天敌冠蓝鸦就不敢轻易对王蝶下手了。副王蛱蝶看见了，学了一招对付冠蓝鸦：虽然副王蛱蝶不吃马利筋，但是它们可以通过乔装打扮成王蝶的样子来吓唬冠蓝鸦。可见，自然界的生存过程也是存在斗智斗勇的。

当银胶菊遭到昆虫的啃食时，银胶菊就会分泌一种驱虫剂来驱赶前来进攻的昆虫。当绒毛花遭到昆虫的啃食时，绒毛花会分泌一种发育激素，使得啃食的昆虫发生发育障碍。类似地，当百脉根遭到昆虫的啃食时，百脉根就会分泌一种氰化物来毒死进攻的昆虫。茄科植物的野生马铃薯更是技高一筹：当遭到蚜虫攻击的时候，野生马铃薯就会迅速释放一种特殊的挥发性物质——蚜虫的报警激素（这种物质是蚜虫遇到天敌时分泌出来警告同伴的）。一闻到这种激素的气味，进攻的蚜虫就以为有天敌要来了，自然不敢再攻击。野生马铃薯就这样吓退了蚜虫，使自己免受其害。

25·两性的苏铁植物和两性的"孢子叶"

植物形态学家把植物生殖器官的基本单位叫作"孢子叶",雄的叫作"小孢子叶",雌的叫作"大孢子叶"。这里的雌雄"孢子叶"是分开的。一个正常的"孢子叶"通常情况下只能有一个性别,很少或者干脆没有两性的。

那么有人可能会问,到底有没有两性的"孢子叶"呢? 答案是有的,只是很少。实际上,在一种非洲苏铁(*Encephalartos cerinus*)的植物中就出现了所谓的两性"孢子叶"(Rousseau et al., 2015)。和普通孢子叶不同的是,这个所谓的两性"孢子叶"不是只有花粉囊或者胚珠,而是同时具有花粉囊和胚珠。这种现象其实在古生代的化石植物中也曾出现过(Wang et al., 2017)。这个现象的意义暂时还不是十分清楚。

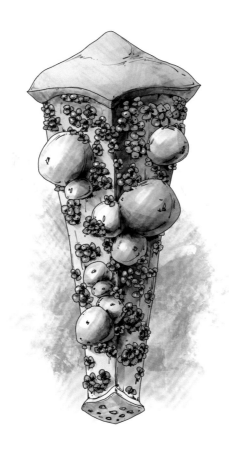

非洲苏铁　*Encephalartos cerinus*

26 · 奇怪的环花草

环花草属于单子叶植物中的露兜树目环花草科，也叫巴拿马草科。该科大约有12 属 200 种植物，产于美洲热带地区，多为多年生草本或者灌木，少数为藤本或附生，具二裂或多裂的扇形叶。花雌雄混生。叶子是编制巴拿马草帽的原料。

环花草的雌蕊和所有已知的被子植物的结构有所不同（图 2-21）。在一般的被子植物中，雌蕊要么由离生的心皮组成，要么由合生的心皮（心皮相互愈合）组成。但是在环花草中，既找不到离生的心皮，也看不到心皮愈合的痕迹。其独特的结构表现在它的胚珠绕着轴排列成一圈或者螺旋线位于两片叶状组织之间，从上往下看，就像是两片面包片一样，把胚珠夹着包裹起来，就算是形成所谓的子房了（Wilder，1981）。这种雌蕊的构成方式用目前流行的被子植物演化理论很难解释。

这种雌蕊的形成方式在被子植物中非常少见。之所以要在此提及这种雌蕊，是因为它告诉我们一个道理：植物在保护自己的后代（胚珠 / 种子）方面是不择手段的，常常超出植物学家所能想象的范围。

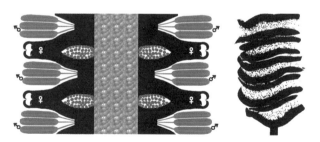

图 2-21

奇怪的环花草

左图为环花草雌蕊的部分剖面图，注意其中雌雄蕊相间排列的关系；右图为呈螺旋排列的雌蕊以及与之相间的雄蕊。

27. 复杂的柱头

　　流苏状花柱是指花柱的顶端分叉，分裂成很多细小的裂片。这样的形态使得柱头的面积增大，有利于成功授粉以及植物本身的繁殖。这种花柱在现代的时钟花科（Turneraceae）植物中能够看到。也许有人会问这种花柱的历史有多长？一般而言，这种关于花柱的信息在花化石（尤其是早期的花朵）中很少被保存下来。不过，很幸运，前几年发现的南京花（*Nanjinganthus*）由于发现的标本数量极大，其中某些标本保存了花柱的信息（图 2-22）。南京花中出现的花柱是具有很多分枝的，一种解读就是这种花柱具有很大的柱头面积（Fu et al., 2018）。也就是说，南京花有可能采取与时钟花相似的授粉方式。

　　南京花除了有复杂的柱头外，还有令人意外的地方。目前大家能够接受的被子植物演化理论中，大部分都认为离生、多数的心皮是原始类型，而所谓的合生心皮和下位子房都是进化的标志。但是，南京花作为一个目前被认为是全世界最早的被子植物的花朵竟然具有下位子房，没有离生的心皮。这种特征组合让很多植物学家都大为吃惊。

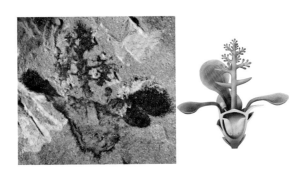

图 2-22

早侏罗世的被子植物——南京花｜*Nanjinganthus*
（引自 Fu et al.，2018）

28 · 敢说实话的含笑

含笑（*Michelia figo*）是木兰科的一个属（图 2-23）。木兰科在原先的被子植物系统中被认为是最原始的类群。按照传统理论来说，被子植物雌蕊的基本单位——心皮是由原来边缘上长胚珠的大孢子叶通过其边缘内卷而来的。但是，这种说法从提出到现在的一百多年里从未得到过真正的证实，使被子植物心皮的同源性问题含糊不清。因此，关于含笑的研究对于人们摆脱目前的植物系统学困境具有重要意义。

德国波鸿鲁尔大学植物园里有一棵含笑树。2011 年前后，张鑫博士（现在西北农林科技大学工作）在此留学，充裕的业余时间使得他可以在学校的植物园里面徜徉。他惊奇地发现，这里的一棵含笑树上的花与众不同：同一朵花里面的心皮不仅形态有变化，而且有的心皮并没有完全闭合。后来经过长时间和西北大学刘文哲教授及笔者的共同研究，张鑫最终于 2017 年把研究结果发表在 *PLOS ONE*（生物学杂志）上。该研究结果的重要性在于，它使人们能够首次依据真实的植物形态（而非理论）正视和审视心皮这个被子植物独有器官的本质和同源性：心皮是由长胚珠的枝和叶片共同组成的复合器官，而不是"大孢子叶"。更有意思的是，在同一棵树甚至同一朵花中的心皮，有的是完全闭合的，有的则是没有闭合的。心皮没有闭合就意味着这个心皮尚未进化到"被子植物状态"，还处于裸子植物状态（Zhang et al., 2017）。同一棵植物甚至同一朵花既是被子植物又是裸子植物，属于通常意义上完全分割的两个纲（门），这显然让人无法接受。但是从植物演化的角度来看，这种令人费解的"跨界"状态恰恰是百年来植物学家孜孜以求的跨越被子植物与裸子植物之间界限的过渡状态。凭借这个研究结果，植物学家在对植物演化的历史认识上迈上了前人难以企及的高度。

含笑的这一形态和空间组合，为人们在裸子植物中寻找其同源器官架设了桥梁、指明了方向。

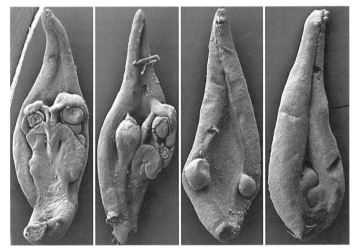

图 2-23

揭露真相的木兰科植物——含笑 | *Michelia figo*

含笑未闭合的心皮包括两个部分，叶状的器官及其叶腋长胚珠的枝。在演化
过程中，这个枝和叶发生了愈合，胚珠被包裹起来，就形成了所谓的心皮。
（引自 Zhang et al., 2017）

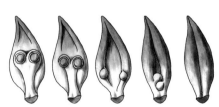

含笑　*Michelia figo*

含笑的雌蕊及其心皮呈现出连续变化。

Ⅲ

有独特"品质"的植物

1·神圣之花——睡莲

大多数种子植物都是陆生的，只有少数被子植物是水生的。其中，在诗词歌赋中经常出现的、大家常听说的一种植物叫作睡莲。

睡莲属于被子植物的睡莲科〈图3-1〉。按照现在的植物分类学——APG系统，睡莲科植物是比较原始的类群之一。睡莲的叶比较特别，是圆形的，但是会有一个缺口，它们静静地漂浮在水面上。

不但植物学家着迷于睡莲，艺术家尤其是画家也钟情于睡莲，比如法国印象派大师莫奈就画了二百多幅关于睡莲的画。睡莲被人们看成是洁净、纯真、梦幻的象征。古今中外很多人把睡莲当作女神来供奉。古埃及把睡莲作为太阳的象征，历代王朝的加冕礼也常有睡莲出现。

睡莲本身有很奇特的行为，比如它的花可以反复开合，有的喜欢在白天开放，有的喜欢在夜晚开放。漫漫长夜，唯有白色的睡莲静静地独自开放，愈显其圣洁神秘。

图 3-1

水生的被子植物——睡莲

2 · 热情之花——西番莲

西番莲（*Passiflora caerulea*）是一种多年生常绿攀缘植物，也是一种南方常见的可口水果（图 3-2）。西番莲属于西番莲科西番莲属，有 500 多种，木本、藤本或者灌木，原产于巴西，后来在美洲、非洲、亚洲、大洋洲的热带地区被广泛种植。

西番莲的茎呈圆柱形并具微棱，叶基部心形，叶形多变，掌状 5 深裂或者全缘，中间裂片大，呈长圆形。花序退化为 1 朵花，花大，颜色艳丽，5 花萼，5 花瓣，花冠上具有特别显眼美丽的呈辐射状排列的丝状物。雌蕊和雄蕊长在一个柄的顶端，雄蕊 5 枚，子房顶端有 3 分叉的花柱。浆果或蒴果，可以重达数千克，种子多数，呈心形。

西番莲的花大，其辐射状排列的丝状物组成的花冠极具特色，能够引发人们无限遐想。在印第安人的传说中，西番莲是白天之女，承袭了父亲热情阳光的特质，总是洋溢着灿烂的笑容，是最美的花朵。有一天，西番莲在睡梦中被吵醒，她睁开眼睛，看见一位正在河边戏水的少年，并对他一见钟情，坠入爱河。这位少年是黑夜的向导，只在夜间出现。出于对这位黑夜向导的爱慕，西番莲时刻等待夜晚的来临，盼望着与黑夜向导相会。在西方，西番莲被称为热情之花（Passion flower）。

图 3-2

美丽热情的西番莲 | *Passiflora caerulea*

西番蓮 *Passiflora caerulea*

3·复杂而多样的花——兰花

"梅兰梅兰，我爱你。"就像歌里所唱的一样，兰花深受众人喜爱。中国人常用"梅兰竹菊"象征不同的人物形象和性格，其中，兰花经常被用来象征高洁的正人君子。

兰花属于被子植物单子叶植物中的大科——兰科。兰科植物的多样性极高，有大约 700 属 20 000 种，遍布于热带地区和亚热带地区，少数见于温带地区。兰科植物有地生、附生或腐生三种不同的草本生活形态，攀缘藤本罕见。地生与腐生类型常有块茎或肥厚的根状茎，而附生种类常有肉质假鳞茎。叶基生或茎生，呈扁平或圆柱形。花葶或花序顶生或者侧生，具总状或圆锥花序，少数为头状花序或单花。花两性，常两侧对称，花被片 3+3，2 轮。中央 1 枚花瓣被称为唇瓣，唇瓣常处于远轴方向，它不同于 2 枚侧生花瓣。子房下位，1 室或 3 室，具侧膜或中轴胎座。雌雄蕊融合成蕊柱，蕊柱顶端一般具 1 个花药，腹面具 1 个柱头穴，柱头与花药之间有蕊喙。花粉呈花粉团状，常具花粉团柄。果实常为蒴果，少数荚果状。种子海量、细小，无胚乳。

作为单子叶植物中非常进化的类群，兰科植物似乎具有人类的智慧：它们会通过食源模拟、繁殖地模拟等手段利用花朵的花蜜、颜色、气味来引诱、欺骗昆虫对花朵进行访问，最终达到有效传粉的目的。最有意思的是，某些兰科植物甚至不需要任何昆虫帮助就能完成授粉过程。

兰花〈图 3–3〉具有极高的观赏价值、药用价值以及食用价值，其优雅的花姿、艳丽的色彩、袭人的香味，深受人们喜爱。此外，兰花还有不可小视的文化价值，包括审美价值等。

图 3-3

美丽多样、色彩斑斓的兰花

4 · 雅致的南洋杉

　　小叶南洋杉（*Araucaria heterophylla*），又叫异叶南洋杉，是高大的乔木，高达50米，属于裸子植物松柏类南洋杉科南洋杉属（图3-4）。树干直，树冠塔形，大枝平伸，小枝平展或下垂，侧枝常成羽状排列，形态规则。叶有二型：小枝上的叶排列疏松，钻形，向上弯曲，两侧扁，上面具多条气孔线和白粉，下面气孔线少；大枝上的叶排列较密，宽卵形、三角状卵形，略弯曲，基部宽，尖端钝圆，中脉隆起或无，上面具多条气孔线和白粉，下面的气孔线少。雄球花单生于枝顶，圆柱形。雌球果呈椭圆状球形，苞鳞比种鳞大，尖端具扁平上弯的三角状盾脐，种鳞小，位于苞鳞腋部，种子1枚，长圆形，两侧具翅。原产于大洋洲诺克和岛，因其特别的外形深受人们喜爱，在阳光充足的生境里生长良好。

图3-4

小叶南洋杉 | *Araucaria heterophylla*

左图为姿态优雅的小叶南洋杉；右图为竖立的侧枝及靠近枝顶端的一簇球果。

Araucaria heterophylla
小叶南洋杉

小叶南洋杉　Araucaria heterophylla

5·聪慧的苏铁

苏铁 (*Cycas revoluta*) 大部分是雌雄异株的，即雌性和雄性生殖器官分别长在不同的植株上。因此，如何把雄株上的花粉传递到雌株上的胚珠，对于苏铁植物来说是个很大的挑战。甲虫在这个过程中扮演着重要的角色，但是甲虫的行为不全是主动的，甚至在某种程度上是被动的。

研究表明，在某些苏铁植物中，每当苏铁花粉成熟的时候，它的雄球果呈发热状态，这份热量对裸露在冷空气中的甲虫来说是十分珍贵的。不然甲虫们有可能会被冻死，至少是过得不舒服。在这种情况下，甲虫躲避寒冷的一个办法自然就是躲进发热的球果中去取暖。但如果只是提供热量供甲虫取暖，苏铁显然是吃亏的：它的传粉目的就没法达到。为了达到传粉的目的，苏铁不但需要在适当的时候招引甲虫上门，而且还需要在适当的时候赶走甲虫。苏铁本身不能动，怎样才能赶走甲虫呢？苏铁有自己的高招——化学武器。苏铁会合成一种在较高温度下容易挥发的化学物质，当苏铁需要甲虫带着花粉离开自己的时候，它会提高自己雄性球果的温度，当温度达到一定程度的时候，苏铁合成的化学物质就开始挥发，产生刺激性气味，使得甲虫不堪忍受，从而带着花粉逃离雄球果。这样，在某种程度上苏铁就可以对甲虫"招之即来，挥之即去"了。

很多人可能会觉得，苏铁的种子长在球果里，如果没有外力的帮助，这些种子怎么能被传播出去？至少种子无法从球果里脱落出来。其实，苏铁是会雇来"工人"做工的。苏铁雌性球果的中轴负责把所有长种子的侧生器官连接在一起形成雌球果。但如果只是把所有的种子聚拢在一起，那么这些种子无法被散播出去，就只能在母体身上，直到最后困死，所以种子无论如何都是要离开母体的。解铃还须系铃人，雌球果中轴的另一个功能就是使种子脱离母体。那它是怎么实现的呢？答案是牺牲自己。实际上，雌球果的中轴就是这么做的：中轴里面长了很多很美味的薄壁组织，以吸引昆虫来取食，当昆虫吃光了雌球果中轴的薄壁组织以后，原来聚拢在一起的种子就无法再聚拢，于是纷纷脱离母体掉落地面。

聪慧的苏铁告诉我们，它是如何在激烈的生存斗争中利用昆虫来达到自己的目的的。苏铁是不是很聪明？

苏铁 Cycas revoluta

6·样貌独特的江边一碗水

江边一碗水（*Diphylleia sinensis*）是小檗科植物南方山荷叶（图 3-5）。南方山荷叶生于我国南方海拔 2 200~2 700 米的山坡林下或沟边阴湿处，多年生草本，长得像荷叶，只有一根黄褐色茎，茎顶通常生 2 片叶，叶柄长，叶盾状，叶圆如小碗，边上有锯齿。数朵花生于茎顶，淡黄色。果实球形，多浆，成熟时呈蓝黑色。相传神农在崖边采药时受伤昏迷，醒来又饿又渴，看见一片似荷叶的叶片里面有清澈的露水，便一饮而尽，顿时觉得神清气爽。神农尝了这种药草，伤势马上痊愈，于是给这棵救命的药草取名为"江边一碗水"。这种药草具有散瘀活血、止血止痛的功效，可用于治疗跌打损伤，是神农架"四大名药"之一。

图 3-5

样貌独特的江边一碗水｜*Diphylleia sinensis*

江边一碗水　Diphylleia sinensis

7·奇特的七叶一枝花

　　七叶一枝花（*Paris polyphylla*）属于百合科重楼属，又名七叶莲，是多年生草本植物（图3-6）。茎基部有膜质叶鞘。一圈轮生的叶中央单生一朵花，花很像它的叶，花分为两个部分：外轮花、内轮花。其中外轮花很像6片叶，内轮花有8片叶。叶轮生，通常为7片，基部呈楔形，膜质或薄纸质，主脉3条基出，椭圆状披针形，渐尖或短尖，全缘。花单生于顶端，花梗青紫色或紫红色，花萼绿色，4~7片，长卵形至卵状披针形，渐尖，花瓣细丝带状，黄色或黄绿色。花丝扁平，花药线形，金黄色，纵裂，药隔在花药上略延长。子房上位，4~6棱，花柱短，4~7裂，向外反卷。胚珠每室多枚。蒴果球形，熟时黄褐色，内含多枚鲜红色卵形种子。七叶一枝花可作药用，可治疗蛇毒与疮疡肿毒，民间有"七叶一枝花，无名肿毒一把抓"的说法。七叶一枝花分布于南亚及中国南方海拔1 800~3 200米的山坡、林下或溪边湿地。

图3-6

奇特的七叶一枝花 │ *Paris polyphylla*

七叶一枝花 Paris polyphylla

下

篇

神奇的植物演化

各式各样的植物

陆地植物是由生活在水中的祖先演化而来的。从水中到陆地，植物面临的是完全不同的生活环境。新环境在很多方面对植物提出了很大的挑战，植物必须找到应对这些挑战的策略才能在陆地上站稳脚跟。

第一个挑战是重力。如果你会游泳，从游泳池爬上来的第一个感觉是什么？对，身体变得很沉。植物当年从水中到陆地的第一天也应该有类似的感觉，原来在水中可以惬意地漂浮的植物体，到了陆地上失去了水的浮力，必须要有比此前更加硬的组织才能把自己支撑起来。现代植物，如参天大树，其中起到支撑作用的就是我们常说的木头。木头在植物学上叫作木质部，其重要的组成分子就是植物解剖学上叫作管胞的细胞。这些管胞成熟后，其中的细胞就会死掉，中间空出来的细胞腔可以用来运输水分，周围厚的细胞壁又次生加厚，使之具有较强的机械支撑能力。这些管胞集合起来形成维管束，维管束的空间排布定义着植物的形态。在裸蕨植物中，维管束位于茎的中央，其周围都是薄壁组织，最外面是表皮细胞。

第二个挑战是干燥和太阳辐射。和生活在水中不一样，生活在陆地上的植物必须解决水的难题。同时，强烈的太阳辐射也会对植物造成很大的伤害。当然，植物可以选择离水近的地方生活，但是这还不够，必须想办法，防止水分过快地蒸发。植物应对这两项挑战的解决方案是角质层。角质层实际上是植物体表面的一层蜡质，能把植物体和外界隔离开来，这样有限的水分就可以被保存在植物体内，太阳辐射的毁伤作用也可以在一定程度上得到削弱，从而保证生命活动的持续运行。

第三个挑战是剧烈变化的温度。和热密度很大的水相比，空气的热密度很小，这意味着同样的热量输出或者输入，气温变化的范围会远大于水温的变化范围。但是生命大分子是在水环境中产生的，它们仅能适应有限的温度变化，过高或过低的温度都会对植物的生命活动造成很大甚至是致命的影响。因此，如果植物不能很好地应对温度变化带来的挑战，维持相对稳定的体内温度，那么它们在陆地上是无法站住脚的。植物应对这个难题的解决方案是通过气孔进行蒸腾作用。这个措施可以说是一举三得：水分蒸发降低了植物的体温，实现了与外界的气体交换，利用蒸腾作用产生的拉力达到运输水分到植物顶端的目的。

为了更好地讲解植物的演化，下面重点介绍在这个地球上曾经出现过的主要植物类群及其代表。

1·裸蕨类

　　裸蕨植物是目前人们所知道的地球上出现过的最早的陆地植物。之所以被称为"裸蕨"，是因为这些植物与我们现在常见的植物不同，它们没有叶。裸蕨类的现生代表只有松叶兰（*Psilotum nudum*），而其保存较好的化石记录主要是形成于 4 亿年前英国的瑞尼燧石。裸蕨植物化石有四大类：瑞尼蕨、工蕨、始叶蕨和异枝蕨。

　　（1）瑞尼蕨

　　瑞尼蕨最早出现在大约 4 亿年前的早泥盆世。很多人要问了，连叶都没有的植物是什么样的植物啊？难道它不进行光合作用吗？其实你多虑了。裸蕨植物是已知的地球上最早的陆地植物，同时也是最简单的陆地植物。它们的形态简单到令人惊讶。严格地说，它们只有茎和孢子囊。所谓的根也只是根状茎（茎的变形）。它的光合作用是由茎表皮下的薄壁组织来执行的。茎的表面有气孔。这些植物都很小，只有大约 18 厘米高。瑞尼蕨一般成簇地生长在一起，没有主茎，呈简单的等二歧分枝，每一个茎的顶端都有 1 枚孢子囊，里面的孢子都是同胞的（孢子在形态和大小方面都没有分化）。

　　（2）工蕨

　　裸蕨植物群中第二大的类群是工蕨类。和瑞尼蕨类似的是，工蕨也是成簇地生长在一起的；但不同的是，工蕨不具有瑞尼蕨那样很原始的等二歧分枝，而是呈单轴分枝和假单轴分枝，最高可达 60 厘米。工蕨每一个直立的茎，看起来像是一个主茎，其周围着生孢子囊。工蕨的孢子囊长在茎的侧面（而不是顶端），这些孢子囊可以有柄，也可以直接着生在茎上。其中的孢子是同孢或者异孢的，孢子囊沿着一个加厚的环带分裂成两瓣。植物的整个形态由主枝来定义，侧枝呈二歧分枝，表面上有很多的刺。图 4-1 展示的是同一块标本上的原始裸蕨（*Psilophyton primitivum*）和南方工蕨（*Zosterophyllum australianum*）。

图 4-1

同一块标本上的原始裸蕨（图中指示 1，*Psilophyton primitivum*）和南方工蕨（图中指示 2，*Zosterophyllum australianum*）。

［薛进庄 供图］

（3）始叶蕨

　　始叶蕨（*Eophyllophyton*）是发现于我国云南早泥盆世的植物，是最古老的具大型叶的植物（图 4-2）。和时代更老的化石植物不同的是，这种植物既具有位于靠近顶端位置的片状叶片，又具有位于基部的介于枝和叶之间的枝叶复合体。其茎上具有成片状的侧生器官（叶片），每片叶大致分成左右两个向中间弯曲的部分（叶片对）。每一个部分有一个较粗的脉，其顶端有多个裂片，每一个裂片中有一根维管束。虽然说这里用的是"叶片"这个词，实际上这个"叶片"的组成部分"裂片"在空间的排列上不仅是平面的，而且是三维的。成熟的叶多聚集于基部，向上渐稀，多为更加年幼的叶。这些叶片虽然很小，仅有 5 毫米长，呈扇形，叶片多裂，但绝大多数具有生殖功能。孢子囊位于叶片腹面。"叶片"内的"叶肉"还没有分化成我们在现代植物叶片中常见的栅栏组织和海绵组织。维管束之间的分叉方式是二歧分枝。

尚未完全愈合的"裂片"实际上是扁化的枝。这种解释和这些"裂片"的三维分布是相吻合的。这些信息告诉我们，现在植物世界中常见的叶实际上是由原来三维排列的枝经过扁化、蹼化的过程而来的，即"叶就是枝，枝变成叶"。这个结论和人们的日常生活经验是相矛盾的。尚未分化的叶肉组织更像是在普通的茎中看到的基本组织。二歧分枝暗示这种植物的原始性，因为最早的陆地植物就是这样分枝的。需要注意的是，这些叶大多是生殖叶。这个特征是该植物原始的象征，因为最原始的陆地植物几乎所有的枝都是生殖枝（顶端都有孢子囊）。后来在演化过程中才产生了我们现在常见的纯粹进行营养生长（光合作用）的叶片，即原来每条枝均有的生殖功能到了更加进化的植物中就变成了只有少数特殊的枝才有的"特权"了！

（4）异枝蕨

异枝蕨（图 4-3）是早期稍微复杂化的裸蕨植物，出现在大约 4 亿年前的早泥盆世（Wang & Geng, 1997）。在形态上呈单轴分枝和假单轴分枝，侧枝呈螺旋、互生、两列、三列或四列排列。末级枝呈三维二歧分枝，其顶端具直立孢子囊，内有三缝孢。异枝蕨虽然种类不算太多，但是演化意义很大，和更早出现的始叶蕨一样同属于原始的真叶植物。

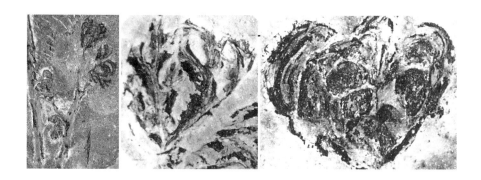

图 4-2

来自云南早泥盆世的始叶蕨（*Eophyllophyton*）。
［薛进庄 供图］

图 4-3

产自湖北泥盆世的四木异枝蕨（*Metacladophyton tetraxylum*）。
［杨学剑 供图］

2·石松类

现生石松类仅有 7 属，其中 *Huperzia*、*Lycopodium* 和 *Selaginella* 是主要的代表（共有 1 600 种）。其分枝方式有二歧分枝和二叉兼单轴分枝，茎上长满螺旋排列的小型叶。孢子囊长在叶腋，具柄或者不具柄，同孢或者异孢。孢子叶有时会聚集成球穗。

尽管这些现代类群都是很矮小的草本，种类也不多，但是化石石松类在地质历史时期曾有过辉煌的时代，它们曾是高大的乔木，种类也很多（图 4-4）。乔木类的石松在古生代晚期盛极一时，是重要的成煤植物。最常见的是，鳞木类可以长成高达 40 米的参天大树。

石松类中的异孢类有非常进化的类型，其大孢子囊的进化程度几乎和种子植物胚珠中的珠心无异。例如，在 *Lepidocarpon* 中，大孢子囊是着生在所谓的大孢子叶的腹面的，两侧还有叶状的组织来保护，仅在腹面留有一个狭缝，而且在保存较好的化石中可以看到只有 1 个可育的大孢子和 3 个败育的孢子，以及配子体、颈卵器甚至胚。

石松类在古生代常见的代表有 *Lepidodendron* 和 *Sigillaria*，进入中生代开始走下坡路，到现在仅剩下为数不多的代表。

图 4-4

泥盆世的早期石松类化石。上图为两穗无锡木（*Wuxia bistrobilata*），下左图为二叠纪封印木（*Sigillaria*）的孢子叶球，下右图为鳞木茎干上整齐排列的叶座。

［下左图由王军供图］

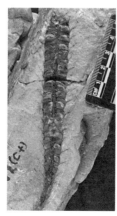

3 · 有节类（楔叶类）

现生有节类仅有 1 属——木贼属 *Equisetum*（大约 15 种），其主要特征是单轴分枝，茎上具有明显的节，节上长满轮生的叶。孢子叶多聚集成生殖器官，一般与营养器官分离，形成顶生的球穗。球穗中轮状排列着孢囊柄，有的还有轮状排列的叶盘间隔其中。孢囊柄回弯，其分叉的枝顶端长有直立的孢子囊。

有节类的历史至少可以追溯到泥盆世。尽管这些现代类群都是很矮小的草本，且仅有 1 属，但是化石有节类在地质历史时期曾是有过辉煌时代的高大乔木，种类也很多（图 4-5）。

有节类大多数是同孢的，但也有异孢的。有些孢子还有特有的弹丝来帮助孢子传播。

有节类化石的代表有 *Eviostachya*、*Archaeocalamites*、*Calamites*、*Calamostachys*、*Annularia*、*Lobatannularia* 和 *Equisetites*。

图 4-5

有节类植物

左图为古生代的有节类植物；中图为中生代的有节类植物；
右图为现代的有节类植物。

4·科达类

　　科达类是晚古生代（石炭纪–二叠纪）北半球（南半球偶有分布）重要的植物类群，是当时植被中的建群种类。科达类是高大的乔木，生活在低地甚至沼泽，当然也有个别生活在地势较高的地方，是晚古生代重要的成煤植物。

　　科达类的树木可以高达 45 米。单轴分枝，茎干基部有板状根，真中柱，密木型，形成层向内外分别形成木质部和韧皮部，髓部或具横膈，管胞具环纹或具缘纹孔。叶大，多数长 10~20 厘米，最长可达 1 米，呈带状，无柄，无中脉，具多条平行叶脉，在茎上螺旋排列，气孔深陷，多呈带状分布，位于叶腹面、背面或者两面。雌性生殖器官为单性复球果，可达 30 厘米长，着生于远端枝的顶端。雄性球果中，有的花粉囊着生在苞片的背面。花粉（*Florinites*）具单气囊，最大者直径近 100 微米。雌性球果中，侧生器官包括苞片及其叶腋长胚珠的次级枝，呈螺旋、两列或四列绕轴排列。次级枝上有很多螺旋排列的鳞片（图 4-6）。胚珠着生于次级枝的顶端，具两层珠被，珠心顶端有花粉室。种子（*Cordaicarpon*，*Cordaicarpus*）呈心形，可达 2 厘米长，两侧对称，或具翼，个别情况下有雌配子体和颈卵器保存。

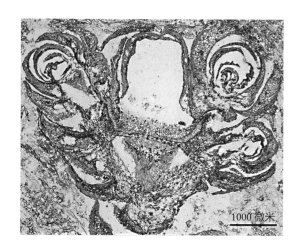

1000 微米

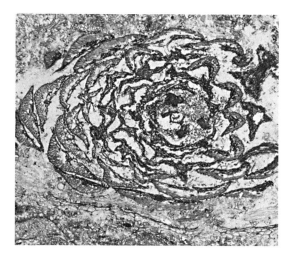

图 4-6
——————
科达类植物的生殖器官
————————————————————————————
上图显示的是着生在中央的一级枝上的 3 个次级枝，下图
显示的是雌性器官次级轴的横断面中螺旋排列的不育鳞片。

5 · 松柏类

松柏类是现代裸子植物中多样性最高的类群，有 7 科 57 属 600~800 种。松柏类最早出现于晚石炭世，由古生代的科达类经过中生代的伏脂杉类和其他类群演化而来。古生代的类型以 *Walchia* 为代表，中生代以伏脂杉目（*Voltzia*, *Pseudovoltzia*）为代表，至晚侏罗世或早白垩世达到顶峰，现代类群为中生代的残余。松柏类多数为常绿或落叶高大乔木，少数为灌木，单轴分枝，有长、短枝之分；茎密木型，由具有具缘纹孔的管胞组成的次生木质部发达，具树脂道。叶单生或成簇，有针形、鳞形、钻形、条形、刺形、三角状卵形、披针形至椭圆形，有的基部下延。叶排列多为螺旋状，亦呈两列状，少数交互对生或轮状排列，具较厚的角质层及下陷的气孔带。图 4-7 展示的是松柏类的一员——黄杉及其球果。

松柏类雌雄同株或异株。球果单性，很少是两性，同株或异株。各科雄性球果结构相似，2 个或多个花粉囊位于侧生器官的背面（远轴面），少数类群中，花粉囊在一个柄上呈一轮排列。花粉有两个气囊、单个气囊和无气囊类型，精子无鞭毛。雌球果具有和科达类雌花相似的特征（只是长胚珠的种鳞更加扁化而已），多为复球果，由营养苞鳞及其叶腋长胚珠的种鳞共同组成侧生器官。种鳞和苞鳞的空间关系、相对大小、愈合程度在各个科有所不同。

当花粉成熟的时候，雌球花里胚珠的珠孔附近会分泌一种黏性液体来粘住随风飘来的花粉并把花粉吸进珠孔。受粉后，有的雌球果会闭合并把未成熟的种子保护起来。花粉会通过一根小管把精子送到卵细胞附近并与之结合，从而完成受精过程。胚珠要经过很长时间才能发育成种子。种子包括胚、外胚乳、种皮。种皮分为 3 层：外层肉质（不发达）、中层石质、内层纸质。种子无翅、单翅或双翅。松柏类种子经常有多胚现象，通常只有 1 个（很少 2 个）幼胚发育成为成熟的胚。种子由 3 个世代的产物组成，即胚是新的孢子体世代（$2n$）、外胚乳是雌配子体世代（n）、种皮是老的孢子体（$2n$）。

图 4-7

黄杉及其球果

6 · Vojnovskiales

Vojnovskya 属是建立于 1955 年的门类，是一类长着稀疏、螺旋排列的 *Nephropsis* 型扇形叶的灌木或者乔木。*Nephropsis* 叶脉呈平行排列。雄性生殖器官 *Kuznetskia* 为扁化的多分叉的枝，长有多个花粉囊，花粉为准单气囊型，具棒状加厚（图 4-8）。在叶的上面着生着倒锥形的种子集合体。种子集合体基部有种子脱落的痕迹或者鳞片，上部有回弯的种子，顶部有多枚与种子混生的线形种间鳞片。种子长约 1 厘米，呈扁平状，两侧对称，具两翼，顶端有缺刻。有人认为，其与科达类有可比性，即 *Nephropsis* 型叶对应于科达类的苞鳞，而种子集合体对应于科达类的次级长胚珠的复合体。但是同时，这一类型与科达类的区别也是明显的：一是 *Nephropsis* 型叶和对应的种子集合体呈螺旋排列；二是种子集合体排列位置较高，不像位于 *Nephropsis* 型叶的叶腋；三是 *Nephropsis* 型叶更像普通的叶。

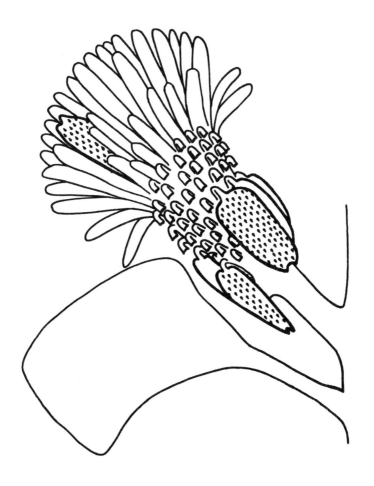

图 4-8

奇特的 *Vojnovskya* 的生殖器官
（引自 Wang，2018）

7·苏铁类

苏铁类植物可能是现生植物中最古老的裸子植物类群。它们的历史可以追溯到晚石炭纪，在长期的演化历史中，其形态学特征基本稳定。它们在中生代曾经一度非常繁荣，但是现在只有 3 科 12 属近 300 种，主要存在于美洲、非洲、东南亚的热带和亚热带地区，但是不排除过去在高纬度曾经生存的可能。苏铁类植物一般具有短粗、不分叉的茎干，但是也有个别高大、分叉的个体，甚至高达 18 米。叶与其他裸子植物明显不同，呈羽状或二次羽状，螺旋着生，幼叶拳卷，气孔单唇式，位于叶的背面，叶柄具有奥米伽型维管束。中柱类型为真中柱，初生木质部内始式或中始式，次生木质部疏木型，管胞具两列或多列具缘纹孔，射线单列或多列，皮层具黏液道，具有特征性的腰带形叶迹。雌雄异株，极少数情况下，胚珠和花粉囊会混生在一起，形成正常或者松散的球果，种子位于变形的枝上靠近腹面的两侧或者悬挂于盾形顶端的内侧，大量花粉囊位于叶状花粉囊聚合体（文献中常称为"小孢子叶"）的背面（远轴面）。花粉单沟型，虫媒，精子具纤毛。其独有的苏铁素具有一定的毒性。

需要强调的是，在传统的植物教科书中，苏铁类植物的雌性生殖器官被称为"大孢子叶"，认为苏铁类植物的胚珠是着生在一个叶片的边缘上。但是仔细地观察图 4-9 可以发现：首先，化石中苏铁的胚珠并不是严格地在所谓的叶片边缘上；其次，现代苏铁类植物的胚珠并非严格地在叶片边缘呈两列排列，而是长在枝的两侧并且朝向近轴面（Miao et al., 2017）。

图 4-9
———
苏铁类

上图为产自山西二叠纪太原组的苏铁类植物化石——始苏铁
Primocycas（引自 Miao et al., 2017）；下二图为生长在广东
深圳的现代苏铁类植物的所谓"大孢子叶"的腹面及侧面。

8 · 银杏类

　　银杏类植物是很古老的裸子植物类群，它们的历史至少可以追溯到晚古生代。它们在中生代曾经一度非常繁荣，但是现在只有 1 科 1 属 1 种，且仅存在于中国。银杏树具有高大的茎干，为高大乔木，高达数 10 米。叶与其他裸子植物明显不同，呈扇形或多裂，叶基部具有两根脉，叶脉呈二歧分枝，稀结网，着生于短枝上。中柱类型为真中柱，次生木质部密木型，射线单列，管胞径向壁具有具缘纹孔，具长短枝。雌雄异株，种子位于枝的顶端，成熟的种子表面的肉质层具有一定的腐蚀性。花粉囊多个聚生于一个柄上，呈柔荑花序状。花粉单沟型，精子具纤毛。

　　需要强调的是，在传统的植物教科书中，银杏的雌性生殖器官被称为"大孢子叶"，暗示其为一个叶，但是仔细地观察图 4-10 可以发现，银杏的胚珠实际上是长在枝上的。

图 4-10

银杏树、分裂的幼叶及其生殖短枝上的多枚胚珠

9 · 买麻藤类

买麻藤类可能是裸子植物中最奇葩、内部分化程度最高的类群。买麻藤类包括相互分离的三个科：麻黄科、买麻藤科、百岁兰科。这三个科之所以被放在同一个类群，是因为它们具有对生的分枝方式，胚珠顶端具有现代植物中仅有的珠孔管。但是这三个科的植物从形态上看差别非常大。

麻黄科植物（图 4-11）仅有 1 属约 40 种，大多是生活在干旱地区的低矮灌丛，最高可达 8 米。茎上有明显的节，节间上具明显的纵纹，节上成对或轮生排列着侧生枝。叶退化为膜质，很小，呈三角状，具两条平行叶脉。光合作用主要由绿色的茎来承担。雌雄异株，很少是同株。球花呈卵圆形或椭圆形，生于枝顶或叶腋。雄球花单生或丛生，具 2~8 对交互对生的膜质苞片，其腋部着生 1 朵雄花，花药具短柄，花药 1~3 室。花粉椭圆形，具多条纵肋。雌球花具 2~8 对交互对生或轮生的苞片，顶端苞片腋部生有雌花，雌花在珠孔管外具囊状革质"外珠被"，胚珠顶端具伸长的珠孔管。珠孔管顶端在受粉时分泌受粉滴收集花粉，收集到花粉后把花粉吸入珠心顶端，完成受粉过程。雌球花的苞片发育过程中会肉质化，呈鲜艳的红色或橘红色。麻黄（*Ephedra*）具有一定的药用价值、经济价值。

买麻藤科植物（图 4-12）仅有 1 属 30 多种，大多为绿色木质藤本，少数为直立灌木或乔木，分布于亚洲、非洲及南美洲等的热带及亚热带丛林。茎上有明显膨大的节，节上成对排列着侧生枝叶。叶对生，革质或半革质，具羽状叶脉，极似双子叶植物。雌雄异株，很少是同株。雄球花穗单生或聚集成顶生及腋生的序，每轮总苞内有雄花 20~80 朵，紧密排列成 2~4 轮。花粉圆形，具微棘。雌球花穗单生或簇生，呈细长穗状，具明显的节和环状总苞，总苞上有胚珠多枚。胚珠具两层珠被，内珠被延伸成珠孔管，外珠被包括肉质外层与骨质内层。珠孔管顶端在受粉时分泌受粉滴收集花粉，协助完成受粉过程。

图 4-11

美国内华达州的麻黄 | *Ephedra*

麻黄几乎没有叶，它的光合作用是由绿色的茎来完成的。

  百岁兰科植物（图 4-13）仅有 1 属 1 种，分布于非洲纳米比亚西南部寒冷的沙漠地带。百岁兰科也许是世界上最奇葩的植物，该植物生长缓慢，树干短矮粗壮，深埋于地下，地表部分的高度很少超过 0.5 米，直径可达 1.2 米。只有两片巨大的革质叶，对生，呈长带状，长达几米，具平行脉，具明显的旱生结构和复唇型气孔。雌雄异株，虫媒。雄球花看似两性，有 6 枚基部合生的雄蕊围绕在不育的雌蕊周围，花药具 3 个花粉囊。雌株可以有 60~100 个雌球果。"花序"生于茎顶叶腋，球果具有严格交互对生、排列整齐而紧密的苞片。1 枚胚珠位于苞片的腋部，具两层珠被，其中内珠被延伸成珠孔管，外珠被由于上下苞片的挟持形成特有的翼。种子萌发时仅有两片子叶。

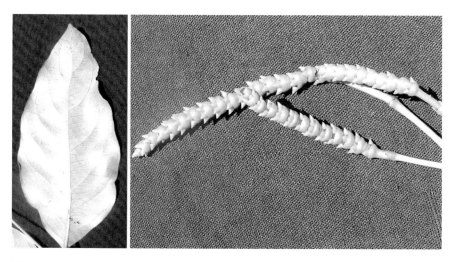

图 4-12

买麻藤酷似双子叶植物的叶片及其独特的雌性生殖器官

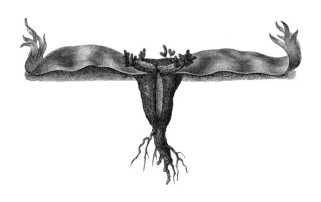

图 4-13

世界罕见的百岁兰 | *Welwitschia mirabilis*

10 · 现代植物学家眼中的四不像植物

在现代植物中，各个植物类群之间的差别是显而易见的。自然而然地，现代植物学家对于植物的认识也受到现代植物形态多样性及其分布格局的限制。实际上，这些植物类群之间的明显差别是植物在长期演化过程中大量中间类型的灭绝造成的。在植物的演化历史上，曾经出现过现代植物学家眼中的四不像植物。下面介绍这样的植物类型，它们跨越了现代植物学中蕨类植物和种子植物的边界。

（1）前裸子植物

这是一类由蕨类植物过渡到裸子植物的植物类型，也称原裸子植物，出现于中泥盆世到晚石炭世早期（3.9 亿—3.2 亿年前）。已知的前裸子植物包括古羊齿目、无脉树目、原髓蕨目。这里篇幅所限，只重点介绍一下古羊齿（*Archaeopteris*）。

古羊齿（图 4-14）是已知最早的具有典型裸子植物木材解剖结构和乔木生活形态的化石植物。它生活的时代是中泥盆世到早石炭世（3.9 亿—3.5 亿年前）。在晚泥盆世早期（大约 3.6 亿年前），它作为当时植被中的主要分子——高大乔木，广泛分布于南北半球。

古羊齿的茎干，叫作美木（*Callixylon*），直径可达 1.5 米，至少可以有 10 米高，茎干上部多次单轴式分枝，有主枝和二级、三级侧枝，顶端组成巨大的树冠。它们没有现代种子植物中常见的叶腋分枝方式。维管系统由真中柱组成，中央是髓部。初生木质部位于髓部的边缘，夹在髓部和次生木质部之间。初生木质部为中始式。木质部和韧皮部之间是形成层。木材密木型，由射线细胞和具有具缘纹孔的管胞组成，具年轮。具缘纹孔在管胞的径向壁上成多列排列。射线窄，近髓部变宽，包括射线管胞和射线薄壁细胞。

古羊齿的侧枝和末级分枝呈螺旋排列。末级分枝具二歧分枝，呈片状排列。叶片形态多变，对生或者交互对生。羽片多裂到全缘，分大、小羽片，匙形或长圆形，

图 4-14

前裸子植物——古羊齿 | *Archaeopteris*

左图为植物末级的羽叶，右图为羽片的细节。

小羽片着生于近轴面，大羽片着生于远轴面。叶和枝的着生方式类似。

古羊齿的生殖枝有时候集中分布于分枝的基部，有时候和营养枝混生。生殖枝的末级分枝一般呈螺旋排列，多达 40 个 2~3.4 毫米长带柄的纺锤状孢子囊着生于末级生殖枝的腹面和侧面。孢子囊沿着一个纵向的缝开裂，未见环带。孢子同孢或异孢。小孢子的直径可达 70 微米，具三缝，近极面光滑，远极面布满柱状结构，孢子壁薄且均质。大孢子的直径为 110~400 微米，每囊中 16~32 枚，具发育的三缝，近极面光滑或带皱，远极面布满柱状结构，孢子壁薄且均质。叶片和孢子囊上具有类似的气孔。古植物学家认为古羊齿是最可信的种子植物的祖先。

　　古羊齿被很多人重视，是因为关于它的研究引出了前裸子植物（Progymnospermopsida 或 Progymnospermophyta）这个现代植物学家不曾了解的新概念。1960 年，贝克（Beck）首次发现过去两个不曾有任何关系的植物化石——古羊齿和美木，直接连接在一起。当初古羊齿最早的分类地位（蕨类植物）是根据其营养器官——叶片的形态来确定的，因为古羊齿的叶片和常见的蕨类植物的羽片十分类似，但是和裸子植物（更别提被子植物）迥然不同。独立的研究表明，美木具有类似松柏类的木材结构，这和很少有乔木习性的蕨类植物完全不同。所以按照常理来说，当这两个分属于两个不同植物大类群的化石被发现连接在一起的时候，很多古植物学家不禁产生了质疑。后来当人们冷静地面对化石证据以后，他们才意识到现代植物学的知识是不足以解释化石植物世界的情形，这种植物跨越了传统的蕨类植物和裸子植物之间的界限，因此人们给了这个新的植物类群一个名字——前裸子植物。

　　（2）种子蕨

　　和前裸子植物类似，种子蕨是另一种让现代植物学家意外的植物类群。按照现代植物学的知识，蕨类植物是通过孢子繁殖的，只有种子植物才通过种子繁殖。但是古植物学家却发现这两种原本互不相干的植物类群的特征同时出现在古代的化石植物中。

　　"种子蕨"之所以被如此命名，是因为最早发现的时候，它既长蕨类的叶片，同时又长有种子。这些特征组合表明，种子蕨是一种原始的种子植物。种子蕨最早出现于泥盆世晚期，是石炭世的重要植物类群，植物体既有高达 10 米的乔木状植物，也有攀缘的藤本类型。

　　绝大多数种子蕨的叶片是类似真蕨植物的大型羽状复叶。生殖叶上长有种子和花粉囊，叶片表面的角质层厚。茎和根的解剖结构兼具真蕨纲和裸子植物的性状，中柱类型包括原生中柱、真中柱、多体中柱。髓若有，常较大。次生维管组织较薄，次生木质部为疏木型，次生木质部的管胞具有具缘纹孔。这些解剖特征与苏铁纲相似，故此在未曾发现连生种子之前，有人曾认为种子蕨属于苏铁蕨目（Cycadofilices）。

同时少数种子蕨的次生木质部为密木型。种子蕨的胚珠是着生在类似蕨类的叶片的远轴面上，具分离的珠被，尚未发现真正的胚。

种子蕨在演化程度上介于真蕨植物和裸子植物之间。种子蕨纲在分类学上包括 10 个目：古生代的有皱羊齿目（Lyginopteridales）、髓木目（Medullosales）、华丽美木目（Callistophytales）、舌羊齿目（Glossopteridales）、大羽羊齿目（Gigantopteridales）、Buteoxylonales、芦茎羊齿目（Calamopityales）；中生代的有开通目（Caytoniales）、盔形种子目（Corystospermales）、盾形种子目（Peltaspermales）。由于类群众多而篇幅有限，这里只介绍少数几个代表。

①舌羊齿目（Glossopteridales）

舌羊齿目也许是古生代种子蕨中最为成功的类群。在二叠纪，舌羊齿植物广泛分布于冈瓦纳大陆（包括南极大陆、南美大陆、非洲大陆、新西兰大陆、澳大利亚大陆、印度大陆），是这些地区当时的标志性植物，表明这些现在分离的大陆过去曾经是连在一起的，因此成为大陆漂移和板块学说的重要证据。舌羊齿植物在当时南半球的植被中占据着绝对优势地位，其多样性极高，表现在舌羊齿的叶片、雌性生殖器官和雄性生殖器官的多样性上。

舌羊齿植物的生长习性是多样的，但是以高大的落叶乔木为主。茎干化石中，年轮的存在表明它们生活在有季节变化的地区，而通气组织的存在显示它们生活的土壤中水位变化频繁。

舌羊齿叶片化石中除了常见的 *Glossopteris* 和 *Gangamopteris* 外，至少还有 6 个属，上百个种（其中个别属种来自墨西哥的侏罗系地层）。舌羊齿的叶片很有特色，具有中脉，侧脉从中脉分出后相互连接呈网状，叶边缘光滑。

舌羊齿的雌性生殖器官的多样性也非常高，除了用 *Glossopteris* 以外，还有至少 *Arberia*、*Rigbya*、*Plectilospermum*、*Choanostoma*、*Scutum*、*Plumsteadia*、*Gladiopomum*、*Dictyopteridium*、*Bifariala*、*Ottokaria*、*Partha*、*Lidgettonia*、*Mooia*、*Denkania*、*Cometia* 和 *Austroglossa* 等 16 个不同的属。这些雌性生殖器官的

总体结构是类似的，即多枚胚珠通过一个共同的柄聚集、着生在一片叶的近轴面（腹面），这些胚珠在空间的排列组合和变化定义了这些不同属。

舌羊齿的花粉器官类型也不少，至少包括 *Glossotheca*、*Eretmonia*、*Arberiella*、*Lithangium*、*Polytheca*、*Kendostrobus* 和 *Perezlaria* 等在内的 7 个属。其花粉囊着生于短柄的顶端，其中的花粉可达 85 微米 × 55 微米，是单囊型和双囊型花粉。花粉在受精过程中释放的精子具有在植物界不常见的鞭毛。

曾经有人认为，舌羊齿植物后来通过中生代的开通目演化成了现在世界上最多的植物类群——被子植物。

②开通目（Caytoniales）

开通目是中生代的种子蕨中最具争议的一个类群。很多古植物学家一生的科研生涯可能都是伴随着对这个类群的争议度过的。

开通目一经发现就引起了巨大轰动和植物学家的高度关注。英国知名的古植物学家托马斯（Thomas）在 1925 年发现开通目化石时就认为开通目是被子植物或者是被子植物的祖先。原因在于：一方面，就像上面介绍的南半球特有的舌羊齿叶片一样，开通目的叶片——渔网叶（*Sagenopteris*）的叶脉是结网的，这在当时被认为和被子植物叶中结网的叶脉有关系；另一方面，开通目的"果实"里包裹着种子，而这在当时也被认为是被子植物才有的特征。

但是，植物远比人们想象的更复杂、更聪明。不到十年的时间，哈利思（Harris）就在开通目的"果实"里发现了花粉粒。这一发现意味着开通目胚珠的受精方式是裸子植物式而不是被子植物式的。就此，开通目被人们踢出了被子植物的范畴。

1945 年，高森（Gaussen）基于前人对开通目"果实"沿轴两侧排列的描述，推测开通目通过幼态成熟使中轴的发育程度远远超过"果实"，最后达到了中轴扩展并内卷包裹原来长在其边缘的"种子"的状态，最终衍生出了被子植物的心皮。1979 年，阿沙姆（Asam）通过分析叶脉的演化规律论证了从舌羊齿、开通目到被子植物的演化路线。1981 年，瑞塔拉克（Retallack）和迪尔切（Dilcher）论证了从舌羊齿、开通目到被子植物心皮的可能性。2008 年，道尔（Doyle）还试图通过类似的讨论来解决被子植物的起源问题。笔者在 2010 年发现了我国东北地区保存更加完整的类似开通目的化石生殖器官——副开通（*Paracaytonia*）。这个化石带来的关于开通目"果实"沿轴螺旋排列的新信息，使得高森的假说和讨论失去了继续讨论的价值和意义。

虽然开通目在侏罗纪时期广泛分布于南、北半球，使之成为理想的被子植物祖先的候选者，但是到目前为止，由于种种原因，所有试图把开通目和被子植物联系起来的努力都没有成功。

11·分类位置成谜的化石植物

（1） *Palissya*（帕利塞亚）

Palissya 是三叠纪 – 侏罗纪时期在北半球广泛分布的中生代植物的生殖器官（Pattemore et al., 2014; Pattemore & Rozefelds, 2019）。这种化石的研究历史至少可追溯到 1867 年。尽管如此，围绕这种化石的争议不断，甚至连其性别都一度成为争议的话题，直到现在其分类位置还是一大谜团。

虽然有关 *Palissya* 的争议持续不断，但是在这些众说纷纭的解读中还是有共识的：*Palissya* 是种子植物的雌性生殖器官［关于这一点只有 Schweitzer 和 Kirchner (1996) 持不同意见］，包括一个中轴和周围螺旋排列的侧生器官，侧生器官或由相互愈合的两部分组成，远轴面（背面）是长的叶状（片状）结构，近轴面（腹面）是两列胚珠 / 种子。

关于 *Palissya* 的分类位置，传统的概念认为它是某种松柏类。但是这种生殖器官的形态和现代松柏类是有很大差距的，因此引起了学者们激烈的争议。某种程度上，*Palissya* 的演化意义只有在人们正确地解读被子植物雌蕊的形成过程以后才能够显现出来。

（2） *Metridiostrobus*（梅吹迪奥果）

和 *Palissya* 相比，*Metridiostrobus* 是另外一个极端：它是一个研究次数较少但分类位置依然不清楚的植物生殖器官。1981 年，德乐伏亚斯（Delevoryas）和霍普（Hope）建立了这个化石植物生殖器官的新属，其中只有一个种 *M. palissyaeoides* (Delevoryas & Hope, 1981)，这个种名的意思是"像 *Palissya* 的"。2012 年，王自强把 *Metridiostrobus palissyaeoides* 当作帕利塞亚科（Palissyaceae）中的一员来处理。

帕利塞亚 (Palissya) 侧生器官的近轴面观

当初，德乐伏亚斯和霍普把这种生殖器官和松柏类进行了对比，但是说实话，这种对比多少有些牵强。一般来说，松柏类球果的侧生器官（所谓的种鳞苞鳞复合体）的排列都是相对紧凑的，但是在 *Metridiostrobus* 中，如果把整个生殖器官当成一个球果，那么其侧生器官很显然排列得很稀疏、松散，简直不像一个球果的样子。这也许是德乐伏亚斯和霍普对其最终归属犹豫不决的原因 (Delevoryas & Hope, 1981)。

虽然在松柏类中 *Metridiostrobus* 的亲缘关系、分类位置令人头疼，但是如果把它放在更大的范围内来看，*Metridiostrobus* 和开通目一样，对于植物的演化，尤其是被子植物的起源具有重要的意义。

梅吹迪奥果（*Metridiostrobus*）侧生器官的近轴面观

V

植物器官的演化

1·植物器官间的残酷竞争

　　植物之间的竞争激烈程度并不比动物之间的差。和动物界一样，自然选择同样也是植物界的游戏规则。植物为了在纷繁复杂、竞争激烈的世界中生存下来，会采取各种不同的策略。这些策略不仅表现在普通意义上的竞争行为，它的结果也被固定下来，定义着不同生物类群的形态，标志着植物历史上的各个阶段。下面将围绕几个重要的植物特征展开简短的讨论。

　　（1）孢子间的自相残杀

　　最早的陆地植物是孢子植物，它们的孢子在大小和形态上没有差别。因此，这种早期的陆地植物在植物学上被叫作同孢植物。这些孢子萌发后长成的配子体的性别是不确定的，可以长颈卵器，也可以长精子器。性别的决定因素比较多，不是确定的。在后来的演化过程中，孢子植物演化出了异孢类型，即它们的孢子至少在大小上有了区分，其中较大的叫大孢子，较小的叫小孢子。与大小分化相对应的是性别的分化：大孢子长成的配子体是雌性的，长的是颈卵器；而小孢子长成的配子体是雄性的，长的是精子器。这个分化虽然在当时似乎没有多大的意义，但是从演化的角度看，这为植物后来的进一步演化奠定了基础：种子和胚珠都是在这个基础上进一步演化出来的特征。大、小孢子从本质上讲原来都是等同的孢子，但是随着时间的推移，原本一模一样的"兄弟"之间出现了差异。这个变化表现在数量和大小两方面。大孢子的体积大，从母体植物身上得到的营养多，主要为配子体的发育贮备足够多的营养和条件；在数量上，大孢子由于受母体营养的供给所限，所以数量较少。小孢子的体积小，从母体植物身上得到的营养少，主要为受精作用的结果——合子提供必要的遗传物质；在数量上，由于每一个小孢子所需的营养有限（保证遗传物质即可），小孢子的数量可以很多。当然，小孢子的数量多并不代表它们都能成活，相反，它们的成活率比大孢子的小很多。这样分配营养和资源的原因是最有利于后代的成长和谱系的延续的。

（2）胚珠间的同室操戈

胚珠的出现是植物演化历史上的重大事件，它的出现标志着现代生态系统中数量最大和多样性最高的植物类群——种子植物登上了历史的舞台。胚珠的同源器官是早期孢子植物中的一群孢子囊。随着异孢的演化，大孢子囊逐渐占用了母体植物越来越多的营养和资源，成为后来所谓的"珠心"，而周围其他的孢子囊失去了足够的营养供应，败育成不具有生殖功能但具有保护功能的珠被。珠被在现代植物中看起来是一圈叶状的结构，但历史上它是由原来多个丧失了生殖功能的孢子囊变成的枝状结构相互愈合而来的。这些丧失了孢子囊的枝原来和珠心一样是有生殖功能的，长期的演化使得这些原本差别不大的孢子囊分化成了完全不同的植物器官：有的继续承载着生殖的历史生命，有的则变成了扮演次要角色的附属器官。角色的划分和固化是植物界"兄弟"之间竞争的又一个表现，也是植物演化历史进入新阶段的标志。

植物的生存策略在不同的类群中有着不同的表现，即使进化到了种子植物阶段，为了保证自己的后代能够赢得严酷的生存竞争，有的植物（例如兰科植物）采用的是 R 选择策略，即产生大量携带有限营养的小种子（这有点像上面讲的小孢子数量多的策略）。另外一些植物（某些豆科植物）则采用 K 选择策略，即产生少数携带大量营养的巨型种子（这有点像上面讲的大孢子数量少的策略；参见前面"最大的种子"一节）。在这两个极端情况之间的大量植物中，有的植物（雪绒兰科）在同一个子房中的胚珠会有不同的命运，即只有一部分的胚珠能够成功发育成种子，而另外的胚珠只能败育。这是植物根据自己的实际情况做出的维持种族和谱系繁衍的必然选择。

（3）胚乳的舍生取义

胚乳是被子植物特有的结构，在裸子植物中是不曾有的。这种结构的出现为被子植物的繁衍和繁盛做出了不小的贡献。但是，胚乳是从哪儿来的？

胚乳几乎是被子植物特有的双受精现象的产物。在双受精过程中，花粉释放出两个精子，其中一个精子与卵细胞融合形成后来的二倍体胚，另一个精子与胚囊中的中央细胞的极核（两个细胞核）融合，随后发育成了胚乳。由于胚乳是三倍体，所以不能发育成下一代植物，但是它为胚的早期发育提供了营养。和裸子植物的种子相比，被子植物中的胚乳显然是一个有利于胚发育成下一代孢子体的优势结构。

但是，这个为了胚的正常发育奉献自己营养和命运的胚乳本质上是什么，到底从何而来呢？它在裸子植物中的同源器官是什么呢？下面是一种相对合理和可信的说法：胚和胚乳原来是同父同母的"亲兄弟"！在原始的植物类群中，由花粉发育而来的雄配子体释放的两枚精子分别与两个颈卵器中的卵细胞融合形成两个同样都能够发育出新的孢子体的胚。在后来的演化过程中，这两个亲兄弟的角色和能力都发生了分化。为了成功、有效地繁衍后代，只有其中一个保留了发育成新一代孢子体的能力，另外一个则丧失了这个能力，进而执行起为胚的正常发育提供营养的辅助功能。胚的成功离不开自己的"兄弟"——胚乳的牺牲和贡献。这种说法有一定的合理性，尤其是考虑松柏类种子中的多胚现象：一粒种子中形成多个胚。当然，尽管有多个胚，到最后由于各种条件限制，松柏类的一粒种子也只能发育出一株能成活下来的幼苗，很显然多余的胚都被牺牲了。正是胚乳所做的牺牲和贡献为被子植物在当今世界的成功助了一臂之力。

2·植物器官演化的猜想

（1）本内苏铁中的种间鳞片

本内苏铁是在距今 2.5 亿—0.65 亿年的中生代繁盛而现在早已灭绝的化石植物类群。研究表明，尽管本内苏铁和苏铁植物在叶形上有相似之处，但是在生殖器官上，它们和苏铁植物完全不同。本内苏铁植物的生殖器官有单性的，也有两性的。比较引人关注的是，两性的本内苏铁生殖器官的雌性部分、雄性部分、苞片的空间排列和原始木兰类非常相似，而原始木兰类被认为是被子植物的祖先，所以有人曾经认为本内苏铁是被子植物的祖先。但是后来发现，两个类群之间的相似性仅止于此，二者之间原来设想的演化关系也就不复存在了。

本内苏铁的雌性生殖器官很有特色：其顶端中心是一个突起的锥状的球果轴，围绕这个球果轴螺旋排列着很多种间鳞片和夹在这些种间鳞片中的胚珠 / 种子。从外表来看，整个球果的表面好像被顶端呈六角形的种间鳞片拼合起来的"瓷砖"覆盖着，而胚珠 / 种子顶端细细的珠孔管就夹在这些鳞片之间，几乎看不见。按照克伦（Crane）和肯利克（Kenrick）（1997）的解读，这些在本内苏铁球果中占多数的种间鳞片在理论上是由原来的胚珠败育而来的。按照这种说法，在本内苏铁的祖先类群中围绕中轴的应该全部是胚珠 / 种子。这种植物生殖器官对于熟悉现代松柏类球果结构的人来说好像很奇怪，但是化石中的确有这样的植物生殖器官，如南半球中生代特有的植物类群——五柱木的雌球果就是这种情形：围绕球果轴长满了胚珠 / 种子。如果这个理论是真的话，那么在本内苏铁的演化过程中发生了胚珠 / 种子本身之间的分化，最终有的维持不变（还是胚珠 / 种子），而有的则转化为种间鳞片。

（2）松柏类中苞鳞的猜想

在松柏类的研究中有一个长期未解之谜：为什么松柏类的雌性球果是复球果，而雄性球果却不是？即为什么同样是球果，二者的结构却大不相同？这个问题就像被子植物的心皮来源之谜一样，除非能够看到二者之间的过渡类型（如前面讨论过的含笑），否则就无法确定不同器官的同源关系。松柏类的球果是单性的，一般情况下，雌性、雄性球果分别长在不同的植株上，如何把两个不同个体上的器官进行对比，到目前为止，植物学家还没有达成一致意见。

那么这个问题是不是就没有解决的办法了？答案是有的，只需要在同一个球果中同时出现雌、雄两性的器官即可。这样的情况存在吗？很幸运，鲁德尔（Rudall）等于 2011 年报道了一种名叫 *Pinus maritima* 的植物，其中出现了一种怪异的球果：在同一球果中，其顶端部分是雌性的，基端部分是雄性的。在这个难得一见的球果中，雄性部分和雌性部分的差别在于长胚珠的珠鳞下面有一个叶状的苞鳞，而长花粉囊的"小孢子叶"下面则没有对应的类似结构。正是这种不同，解开了我们对雌性球果和雄性球果的结构差异之谜，同时也解开了这个植物形态学的长期谜团。那么"苞鳞"又从何而来呢？按照前面提到的克伦（Crane）和肯利克（Kenrick）（1997）的器官分化学说，"苞鳞"很可能是由原来同样是长胚珠的结构经过败育而来的。这个说法很显然还需要将来的研究来进一步检验。

（3）植物——忠实的史学家

提起史学家，不少人会不自觉地想到司马迁和他写下的名垂青史的《史记》。你读过《史记》吗？可能有的人读过，有的人没读过。

那么植物能当史学家吗？这个问题的答案和我们自己是否准备好了，能否读懂植物写下的"文字"有直接的关系。其实对于植物学家来说，植物可能是比司马迁更加称职的"史学家"。图 5-1 展示的是一个树干的横断面。上面的标签是现代人砍伐了树木以后，在树的年轮上标下的人类有历史记录以来发生的历史事件，某种程度上相当于在一本笔记本上记下了人类近期的"日记"。由于树的茎干的生长是树的形成层的活动结果，而形成层的活动程度和一年中的四季气象变化紧密相关，所以每一年都会产生一定的生长量，然后进入休眠期。这种周期性活动就形成了在树木横断面上可以看到的年轮。具体到这棵树上，一个年轮就代表着一年的时间，图中这棵树的

150

横断面所代表的是 1293—1917 年的时间阶段。

也许有人会说，这些都是人为标注的，怎么能说植物是"史学家"呢？这话是对的。但是注意，人类在地球上的历史只有几百万年，而植物已经有几亿年的历史了，植物在人类出现以前的历史是无法人为记录的。那么植物能在没有人帮助的情况下记录下这段历史吗？答案是肯定的，只是植物用的"语言"需要经过专门训练的植物学家进行研读。实际上，植物在生长的过程中会受温度、湿度、季节、阳光、灾害事件等的影响，并且通过自己的生长量，年轮的有无、发育程度、宽度，木质部管胞细胞壁的同位素组成等信号记录下自己经历过的一切。当然，这些信息需要古植物学家和其他科学家合作，从植物化石中提取出来。所以，现代的古气候研究很大程度上是依靠对地质历史时期形成的化石植物材料的分析得来的。

读到这里，你也许就明白了为什么植物可以是忠实的史学家：它们不会说谎。

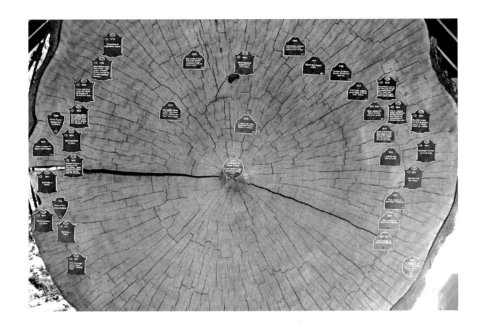

图 5-1

美国 Mt. Rainier 国家公园里的这棵大树的年轮记录了 1293—1917 年发生的事件。

3·雌蕊的九大类型

被子植物是当今世界上多样性最高的植物类群，多达三四十万种。这么多的植物种类大类上的划分主要是依靠其生殖器官（尤其是雌性生殖器官，即雌蕊）的特征来进行的。

雌蕊的基本单位在传统的植物学教科书上叫作心皮。从本源来讲，心皮是由一片叶子及其附近的长胚珠的枝（胎座）共同组成的复合器官。这片叶子和胎座的空间关系可以发生变换，这种变换决定了雌蕊的不同类型。按照这种空间组合关系，被子植物的雌蕊可以分成互不隶属的九大类型（Wang, 2018）。（以下讨论，不分先后）

A 型。这种类型是比较常见的，因为它和被子植物中最常见的分枝方式——叶腋分枝有关。在这种类型中，长胚珠的枝（胎座）位于叶子的腋部（图 5-2a）。在被子植物中，典型的叶包括叶片及其叶腋的芽，这个芽具有发育成一个枝（而不是叶）的潜能。在传统理论中，木兰类的心皮被认为是由原来边缘上长胚珠的叶片（大孢子叶）通过纵向内卷实现对胚珠的包裹而形成的。这种说法现在看来是站不住脚的：首先所谓的大孢子叶在陆生植物中是不存在的；其次这个所谓的大孢子叶显然和人们常说的典型的叶对应不起来，它形成心皮的过程中没有叶腋的芽（典型叶不可少的部分）的参与，而没有芽就不等同于一个典型的被子植物的叶。但是按照一统理论，其胎座是位于叶腋的长胚珠的枝，它在位置和属性上与典型叶中的芽是一模一样的，因此一统理论对心皮的解释更接近于典型的被子植物的叶。这样形成的胎座常被叫作边缘胎座，常见于传统理论中认为的最为原始的木兰类、毛茛类和早期的被子植物化石中华果（*Sinocarpus*）。例如，木兰科植物的含笑（*Michelia*），有时会在同一朵花中看到闭合程度不同的心皮（Zhang et al., 2017）。这种情况的出现，一方面体现了含笑的原始性，另一方面说明不同闭合程度的心皮之间具有无可辩驳的可比性和同源性。当胎座与子房壁愈合的部位是子房壁的中脉时，形成的胎座叫作片状胎座。

这种胎座在现代被子植物中较少，例如莼菜中胚珠就长在心皮的背脉上（Endress，2005）。令人感兴趣的是，这种现象在早期被子植物的化石中倒是可以见到，例如在著名的古果（*Archaefructus*）中，胚珠就是着生在心皮的背脉（而不是腹缝线）上的（Ji et al., 2004; Wang & Zheng, 2012）。

B 型。这种类型也是比较常见的，至少在中籽目的各个科中非常普遍。在这一类型中，胎座是花轴顶端的延续，其上着生着胚珠。和上一类型不同的是，包裹胎座和构成子房壁的叶性结构围绕在胎座的周围。值得注意的是，这种胎座在中侏罗世就已经出现在被子植物化石星学花中了（Wang & Wang, 2010）。这种雌蕊具有特立中央胎座，其胚珠的数目变化很大，可以有很多，也可以只有单个；胎座的长度可以伸缩，甚至发生凹陷（图 5-2e-h、m）。当胎座上只有 1 枚胚珠而且没有明显的珠柄的时候，就形成我们常见的所谓"基生胎座"，例如落葵科。当胎座发生了凹陷（即所谓的花轴顶端不伸长或者比近顶端周边的组织生长得还慢）时，就会形成在仙人掌科中常见的侧膜胎座和下位或者半下位子房。在传统理论中，这种雌蕊被认为是由多个木兰类的离生心皮愈合而成的。这种说法现在看来有点问题，因为这个过程太漫长，而且木兰类的离生心皮在地质历史上不见得出现得那么早。

C 型。这种类型在 APG 系统的很多基部被子植物中是比较常见的，同样因为它和被子植物中最常见的分枝方式——叶腋分枝有关。在这种类型中，胎座位于叶子的腋部。和木兰类不同的是，其胎座顶端只有 1 枚胚珠，这枚胚珠发生内弯，对胚珠的包裹是由近轴的胎座和远轴的顶端回弯的叶性器官共同完成的。这样形成的心皮叫作瓶状心皮，见于 APG 系统中最基部的无油樟等类型。

D 型。在这种类型中，雌蕊是由位于同一轮上的两个相对的胎座和与之相间的两个相对的叶性器官共同组成的。其胎座的内侧长着很多胚珠，对这些胚珠的包裹是由两个叶性器官和胎座共同完成的。成熟的子房常由一层由纤毛组成的隔膜把子房隔成两室，这层隔膜在受粉过程中起到了引导花粉管顺利地把精子送达胚珠的珠孔的作用。这种类型在大家都比较熟悉的模式植物拟兰芥（十字花科）中是比较常见的

〔图 5-2i〕，同时它在早白垩世的早期被子植物 *Neofructus*（Liu & Wang, 2018）中也能看到（唯一的差别可能是中隔膜在这个化石中好像不存在）。

E 型。这种类型和 D 型类似，其胎座和叶性器官是位于同一高度的，即处于同一轮。和 D 型不同的是，在这种类型中，胎座和叶性器官的数目是 3 个或者更多。其胎座的内侧长着很多胚珠，对这些胚珠的包裹是由同一轮的多个叶性器官和与之相间的胎座来共同完成的。这种类型在百合科的贝母、堇菜科的堇菜中可以见到。

F 型。这种类型可能与上述的 B 型类似，其胎座虽然是基生的，胚珠也只有 1 枚，但是珠柄太长，所以不能形成标准的基生胎座，其珠柄和子房侧壁愈合，造成一种胚珠是从子房的侧壁上长出来的假象。这种类型在省沽油科瘿椒树中可以看到〔图 5-2i〕。当这种胚珠的珠柄长度达到整个子房长度的时候，珠柄和子房侧壁就会愈合，胚珠看起来好像是倒悬过来的。所以，这种胎座在教科书中常被叫作顶生胎座〔图 5-2j〕，这种类型在桑科、伞形科中可以看到。

G 型。这种类型在胎座和包裹胎座的叶性器官的空间关系上与上述的 A 型是对称的，即长胚珠的枝或者胚珠本身位于叶性器官的远轴面，叶性器官向外弯曲完成对胚珠的包裹。这种类型在化石中比较常见，例如中生代奇怪的被子植物化石雨含果（*Yuhania*）的胚珠都位于叶性器官的远轴面。现代被子植物连香树的心皮中的胚珠也位于远轴面。值得注意的是，豆科作为被子植物中的大科，虽然大部分学者认为其胎座/胚珠是长在近轴面（腹缝线）上的，但是有迹象表明这种描述可能是错误的，它们的胎座/胚珠有可能是长在心皮的远轴面的（Wang et al.,2021）。

H 型。在这种类型中，胎座上仅有 1 枚胚珠，这枚胚珠被周围败育成种间鳞片的胚珠所包围。虽然这种类型在现代植物中不常见，但是在化石中确实是有的。例如内蒙古中侏罗世的张武果，其中的胚珠就是被周围的组织封闭在里面，而周围的组织就类似本内苏铁中的种间鳞片（Liu et al,.2019）。按照克伦（Crane）和肯利克（Kenrick）(1997) 的解释，这些种间鳞片等同于败育的胚珠。这一说法在某种程度上从其他化石证据中得到了印证。

2010 年，罗斯韦尔（Rothwell）和斯托基（Stockey）描述了一种白垩世的被认为是麻黄类的化石 *Foxeoidea*。这种化石的胚珠没有麻黄特有的珠孔管，但是被周围的组织几乎完全包围起来，只在顶端留了一个孔。某种程度上，可以认为这种化石的演化程度（胚珠的封闭）尚未达到张武果的程度，而后者似乎已经完成了对胚珠的完全封闭 (Rothwell & Stockey, 2010)。

I 型。这种类型非常罕见，仅见于环花草科（巴拿马草科）。其特征是胚珠绕花轴呈轮状或螺旋状排列，被上下两个连成一体的组织夹在中间并封闭起来（图 2-21）。目前很难推测其演化历史和来源。

从上述几种类型雌蕊 / 心皮的组成方式（图 5-2）可以看出，被子植物几乎开发和利用了所有的胎座和子房壁之间的空间组合来形成自己各式各样的雌蕊，这也从雌蕊多样性的角度解释了今天被子植物多样性如此之高的原因。

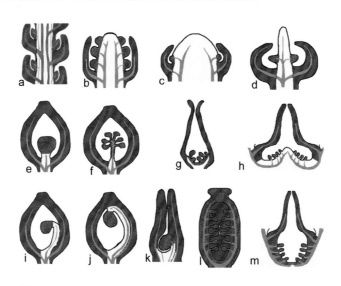

图 5-2

被子植物雌蕊的主要组成方式
（修改自 Wang，2018）

VI

植物演化的规律

1 · 有性生殖周期（SRC）

SRC 是 Sexual reproduction cycle 的缩写，中文叫有性生殖周期，我们通常见到的生物基本上都遵循这个生命运行周期定律。这里谈到的植物当然也不例外。这些植物都要经过孢子和合子这两个关键的生命节点，由孢子发育成多细胞的配子体，配子体成熟后上面有精子器和颈卵器，二者分别产生精子和卵子。当精子遇到卵子的时候就发生受精作用，形成合子。合子发育长成孢子体，孢子体成熟后经过减数分裂产生孢子（大部分植物中孢子有大小之分，即大孢子和小孢子），这样就回到孢子这个节点。从孢子开始，到孢子结束，周而复始，直至无穷，完成了一个又一个的生命周期。

可以说，尽管植物生命的具体形态千姿百态，但是孢子和合子却几乎是所有的生命形式都在坚守、雷打不动的生命节点。孢子和合子都是单细胞的、肉眼看不见的，而我们肉眼可见的其他阶段的生命形式基本上都是多细胞的。所以，常见植物的生命形式实际上是夹在孢子和合子这两个节点之间或者连接孢子和合子这两个节点的多细胞体。这个多细胞体是多变的、复杂的、多样的。但是万变不离其宗，孢子和合子是大部分植物生命离不开的、必须时不时要去回归的状态。我们看到的复杂的形态在某种程度上可以看作是植物生命为了保证按时回归这两个状态所必须经历的、个性化的、曲折的途径和形式。植物生命的本质几乎从来没有变过，我们看到的所谓多样性实质生命体是为了完成同一目标（生命的延续）而采取的不同手段和形式而已（图6–1）。

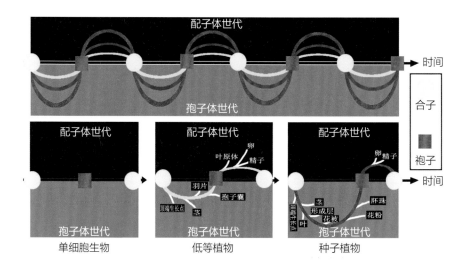

图 6–1

有性生殖周期——无限重复又相互连接的生命之环
（修改自 Wang, 2018）

2·世代交替

有性生殖周期部分提到，植物有孢子体和配子体。植物孢子体的细胞核具有两套遗传物质（染色体），所以植物学上称之为二倍体。与之相对的是，植物配子体的细胞核只有一套遗传物质（染色体），所以植物学上叫它们单倍体。在有性生殖周期中，所有的植物都处于下面两个世代之一：当生命表现为单倍体的时候，所处的阶段叫作配子体世代；当生命表现为二倍体的时候，所处的阶段叫作孢子体世代。这两个世代是首尾相接、交替发生的，这个过程在植物学中叫作世代交替。可以看出，有性生殖周期和世代交替只是对同一个生命现象从不同角度进行但又相互呼应的不同描述和总结而已。

如果世代交替中各类植物的孢子体和配子体的表现是相同的，植物各个类群之间就没多大区别了。实际情况是，虽然大多数的植物都进行着千年不变的世代交替，但是在进化过程中，各种植物在不同阶段的选择各有千秋，才造成了我们今天所知道的高度多样化的植物类群。例如，在苔藓植物中，配子体得到高度的发育，它们在配子体的形态和多样性上投入很大资源，所以它们的主要特征和类群之间的区别都集中表现在配子体上；而其他类群植物的发育和多样性显然更集中于孢子体身上，它们更多的是通过孢子体形态上的区别彰显出自己的与众不同。这些类群包括我们常见的被子植物、裸子植物、蕨类植物等。很显然，这些类群在演化的过程中取得了优势，造就了它们在今天的生态系统中无法匹敌的多样性。

配子体和孢子体的多样性处于此消彼长的竞争状态。苔藓植物以配子体见长，它们的孢子体就处于弱势，只能依附在配子体上，而且在整个生命周期中所占据、持续的时间也很短。但是在被子植物、裸子植物、蕨类植物中，孢子体是占优势的，配子体只能处于弱势。虽然在蕨类植物中还能看到独立生活的配子体，但是到了种子植物（被子植物、裸子植物）中，配子体就大大地萎缩了，只能依附在孢子体的身上，它们在整个生命周期中所占据、持续的时间比例也是很小的。

　　你也许在想，植物界这种不对等的世代交替对某一个世代来说似乎有所不公。原始的植物中这两个世代会不会是相差无几（植物学中叫作等势）的？这种想法不但看似合理，而且很可能是真的：古植物学家在研究早期陆地植物的过程中，曾经犯过一个错误，就是将配子体的化石植物认成是植物的孢子体。出现这种错误背后的原因是复杂的，但有一个原因是不可忽视的：当时植物的配子体和孢子体在形态上几乎一模一样，无法区分。说它们是等势的，一点都不算过分。也许在陆地植物开始登陆的时候，其中孢子体和配子体之间的差别并不是很大，但是随着时间的推移和生命演化过程的发展，企图二者兼顾（在两个世代都投入等量齐观的资源）的植物显然败给了有所选择的类群，而后者成为我们今天还能够看到的植物类群（苔藓植物、孢子植物和种子植物）。所以，今天看到的植物界的不等势世代交替是经过上亿年的长期选择的最终演化结果。脱离实际地空想一下，假若今天植物还处于等势的世代交替中，那么，首先现在世界上不会存在这么多的植物类群；其次人类赖以生存的种子和果实也不会有，那么连人类都将不会存在。

3・孢子囊的命运

所有的植物重大演化事件都和孢子囊命运的改变密切相关。

早期陆地植物中，孢子囊是长在枝的顶端的，而且是每一条枝的顶端。后来的演化中，这些孢子囊的命运发生了分化，有的依然存在，有的则败育了，那条败育的枝就变成执行营养功能的枝了。这些枝条通过各种变形成了后来植物中的茎、叶、珠被等器官。这些孢子囊命运轨迹的变化在植物演化历史上意义重大，为后来植物营养器官和生殖器官之间的分化打下了基础。

接下来，原来形态和大小方面完全相同、没有性别区分的孢子囊发生了分化，渐渐分成了大孢子囊和小孢子囊，此二者分别在后续的演化过程中发展成为植物的雌性和雄性生殖器官。孢子囊命运轨迹的变化标志着在植物演化历史上出现了具有重要意义的性别分化。数量有限的大孢子得到更多的营养，负责抚育后代；而数量庞大的小孢子 / 花粉得到的营养有限，但是它们依靠数量的优势，负责想尽办法让长在颈卵器里的卵子得到精子。当然，大孢子和小孢子完成自己的功能都离不开对方的密切配合和协调。

在成熟的蕨类植物中，孢子囊开裂后会释放孢子，让后者独立生活并发育成配子体。到了种子植物，大孢子囊中的大孢子不仅数量大大减少，而且拒绝过早离开母体植物：由此发育而成的配子体直接寄生在孢子体身上，变成了胚珠（我们比较熟悉的种子在发育过程中的前身）。这些孢子囊命运轨迹的变化在植物演化历史上标志着种子的起源。

进一步的演化过程中，胚珠这个特殊的大孢子囊不仅没有离开母体植物，而且在受粉发生之前就被母体植物包裹和保护起来，与母体植物的营养关系进一步加强和延长，这些孢子囊生存状态的变化把原来的裸子植物过渡到了人们熟悉的被子植物。

4·子代发育管控（ODC）

植物的演化有没有什么确定的大趋势，还是一切都是随机的？说实在的，这么普遍适用的规律在生物学界不太多见。对于大多数生物学家来说，生物表现出的多样性和例外远多于规律性。但是 ODC 是我们发现的生物学罕见的规律之一（Fu et al., 2021）。

ODC 的英文全称是 Offspring Development Conditioning，指的是亲代对子代发育的掌控。前面关于孢子囊命运的描述就是这个过程的具体体现，即母体植物把原本独立生活的配子体在演化过程中逐渐收到自己身上，控制其生存环境，保证其生存所需的营养，以期达到保证其正常发育、成长的目的。其实 ODC 是一个不难理解的规律。如果把生物的谱系看成多个生命个体协同完成的接力赛，组成整个赛程的每一个个体都只是其中的一个环节，就像链条容易从最脆弱的环节断裂，一个环节断裂意味着整个链条的断裂（谱系的灭绝和消失）。而一个生物个体的生命周期中最脆弱的阶段就是在幼年的发育阶段，因此，ODC 恰恰加强了生物个体对最脆弱的生命阶段的管控，弥补了这个短板，自然而然，几乎所有的生命形式都不约而同地采取了不同的方式和路径来落实 ODC 这个规律。

参考文献

A   Arber A., 1986. Herbals, their origin and evolution, A chapter in the history of botany 1470—1670. London: Cambridge University Press, 358.

B   Bai S. N., 2015. The concept of the sexual reproduction cycle and its evolutionary significance. *Plant Science*, 6:11.

Battey N. H., Lyndon R. F., 1990. Reversion of flowering. *Botanical Review*, 56 (2): 162–189.

C   Crane P.R., Kenrick P.,1997. Diverted development of reproductive organs: A source of morphological innovation in land plants. *Plant Systematics and Evolution*, 206(1–4):161–174.

D   Delevoryas T., Hope R. C., 1981. More evidence for conifer diversity in the upper Triassic of North Carolina. *American Journal of Botany*, 68 (7): 1003–1007.

Duan S., 1998. The oldest angiosperm—a tricarpous female reproductive fossil from western Liaoning Province, NE China. *Science in China D*, 41 (1): 14–20.

Doyle J.A., 2008. Integrating molecular phylogenetic and paleobotanical evidence on origin of the flower. *International Journal of Plant Sciences*,169(7):816–843.

E   Endress P. K., 2005. Carpels of Brasenia (Cabombaceae) are completely ascidiate despite a long stigmatic crest. *Annals of Botany*, 96 (2): 209–215.

F   Feng M., 1998. The family Berberidaceae: floral development morphology, embryology and systematics [PhD].

Fu Q., Diez J. B., Pole M., Garcia–Avila M., Liu Z.J., Chu H., Hou Y., Yin P., Zhang G.Q., Du K., Wang X., 2018. An unexpected noncarpellate epigynous flower from the Jurassic of China. *eLife*, 7: e38827.

Fu Q., Liu J., Wang X.,2021. 子代发育管控（ODC）：生物有性生殖进化的一个普遍趋势, 西北大学学报（自然科学版）, 51（1）:163-172.

G

Galimba K. D., Tolkin T. R., Sullivan A. M., Melzer R., Theißen G., Di Stilio V. S., 2012. Loss of deeply conserved C–class floral homeotic gene function and C– and E–class protein interaction in a double–flowered ranunculid mutant. *Proceedings of the National Academy of Sciences*, 109 (34): E2267–E2275.

J

Ji Q., Li H., Bowe M., Liu Y., Taylor D. W., 2004. Early Cretaceous *Archaefructus eoflora* sp. nov. with bisexual flowers from Beipiao, Western Liaoning, China. *Acta Geologica Sinica (English edition)*, 78 (4): 883–896.

L

Liu K.W., Liu Z.J., Huang L., Li L.Q., Chen L.J., Tang G.D., 2006. Self–fertilization strategy in an orchid. *Nature*, 441: 945–946.

Liu Z.J., Wang X., 2018. A novel angiosperm from the Early Cretaceous and its implications on carpel–deriving. *Acta Geologica Sinica (English edition)*, 92 (4): 1293–1298.

Liu Z., Hou Y., Wang X., 2019. *Zhangwuia*: an enigmatic organ with a bennettitalean appearance and enclosed ovules.*Earth and Environmental Science Transactions of the Royal Society of Edinburgh*, 108: 419–428.

M

Miao Y., Liu Z. J., Wang M.,Wang X., 2017. Fossil and living cycads say "No more megasporophylls". *Journal of Morphology and Anatomy*, 1: 107.

P

Pattemore G. A., Rigby, J. F., Playford G., 2014. Palissya: A global review and reassessment of Eastern Gondwanan material. *Review of Palaeobotany and Palynology*, 210: 50–61.

Pattemore G. A., Rozefelds A. C., 2019. Palissya – absolutely incomprehensible or surprisingly interpretable: a new morphological model, affiliations and phylogenetic insights. *Acta Palaeobotanica*, 59 (2): 181–214.

R

Retallack G., Dilcher D.L., 1981. Arguments for a glossopterid ancestry of angiosperms. *Paleobiology*, 7(1):54–67.

Rothwell G. W., Stockey R. A., 2010. Independent evolution of seed enclosure in the bennettitales: Evidence from the anatomically preserved cone Foxeoidea connatum gen. et sp. nov. in Gee, C. T., ed., Plants in the Mesozoic Time: innovations, phylogeny, ecosystems: Bloomington and Indianapolis: Indiana University Press, 51–64.

Rousseau P., Vorster P. J., Wyk A. E. v., 2015. Reproductive anomalies in

Encephalartos (Zamiaceae), Cycad 2015, 10th International Conference on Cycad Biology: Medellín, Colombia: Cycad 2015 Organizing Committee, 53.

Rudall P.J., Hilton J., Vergara–Silva F., Bateman R.M., 2011. Recurrent abnormalities in conifer cones and the evolutionary origins of flower–like structures. *Trends in Plant Science*, 16(3):151–159.

S   Schenk A., 1867. Die fossile Flora der Grenzschichten des Keupers und Lias Frankens. Wiesbaden, C.W. Kreidel's Verlag, 232.

Schweitzer H.J., Kirchner M., 1996. Die Rhaeto–Jurassischen Floren des Iran und Afghanistans: 9. Coniferophyta. *Paläontographica B*, 238: 77–139.

W   Wang S. J., Bateman R. M., Spencer A. R. T., Wang J., Shao L., Hilton J., 2017. Anatomically preserved "strobili" and leaves from the Permian of China (Dorsalistachyaceae, fam. nov.) broaden knowledge of Noeggerathiales and constrain their possible taxonomic affinities. *American Journal of Botany*, 104 (1): 1–23.

Wang X., 2004. Plant cytoplasm preserved by lightning. *Tissue & Cell*, 36 (5): 351–360.

Wang X., 2010. *Schmeissneria*: An angiosperm from the Early Jurassic. *Journal of Systematics and Evolution*, 48 (5): 326–335.

Wang X., 2018. The Dawn Angiosperms. Cham, Switzerland: Springer, 407.

Wang X., Duan S., Geng B., Cui J., Yang Y., 2007a. *Schmeissneria*: A missing link to angiosperms? *BMC Evolutionary Biology*, 7: 14.

Wang X., Liu W., Cui J.,Du K., 2007b. Palaeontological evidence for membrane fusion between a unit membrane and a half–unit membrane. *Molecular Membrane Biology*, 24 (5–6): 496–506.

Wang X., Liu W.,Du K., 2011. Palaeontological evidence of membrane relationship in step–by–step membrane fusion. *Molecular Membrane Biology*, 28 (2): 115–122.

Wang X., Wang S.,2010. *Xingxueanthus*: an enigmatic Jurassic seed plant and its implications for the orgin of angiospermy. *Acta Geologica Sinica (English edition)*, 84(1):47–55.

Wang X., Zheng S., 2009. The earliest normal flower from Liaoning Province, China. *Journal of Integrative Plant Biology*, 51 (8): 800–811.

Wang X.,Zheng X.T., 2012. Reconsiderations on two characters of early angiosperm *Archaefructus*. *Palaeoworld*, 21 (3–4): 193–201.

王鑫, 胡光万, 廖文波, 郭学民, 崔大方, 2021. 关于豆科植物心皮缝合线朝向的思考. 植物科学学报, 39（2）: 208–210.

王鑫, 刘仲健, 刘文哲, 廖文波, 张鑫, 刘忠, 胡光万, 郭学民, 王亚玲, 2020. 走出歌德的阴影: 迈向更加科学的植物系统学. 植物学报, 55（4）: 505–512.

Wang Z., 2012. A bizarre *Palissya* ovulate organ from Upper Triassic strata of the Zixing coal field, Hunan Province, China. *Chinese Science Bulletin*, 57 (10): 1169–1177.

Wang Z., Geng B., 1997. A new Middle Devonian plant: *Metacladophyton tetraxylum* gen. et sp. nov. *Palaeontographica* B, 243: 85 102.

Wilder G. J., 1981. Structure and development of *Cyclanthus bipratitus* Poit. (Cyclanthaceae) with reference to other Cyclanthaceae. I. Rhizome, inflorescence, root, and symmetry. *Botanical Gazette*, 142: 96–114.

Wilson N. C., Saintilan N., 2018. Reproduction of the mangrove species *Rhizophora stylosa* Griff. at its southern latitudinal limit. *Aquatic Botany*, 151: 30–37.

Y   Yabe H., Oshio S., 1928. Jurassic plants from the Fang–tzu coal–field, Shantung. Journal of Geology and Geography,6(3/4): 103–106.

Z   Zhang X., Liu W., Wang, X., 2017. How the ovules get enclosed in magnoliaceous carpels. *PLOS ONE*, 12 (4): e0174955.

手绘插画索引

致 谢

　　感谢在本书的出版过程中刘保东、张寿洲、李峰、杨学健、万珊、李敏、薛进庄、王军、朱鑫鑫授权使用部分精美的图片。感谢严雯珺认真细致地审读全书。感谢中国科学院南京地质古生物研究所各级领导和同事的大力支持与帮助，以及中国科学院战略性先导科技专项B（XDB26000000）及自然科学基金项目（42288201、41688103、91514302）的支持。